对自己狠一点
离成功近一点

陈楠华　王怡文　郭静◎编著

中国纺织出版社　全国百佳图书出版单位

内 容 提 要

每个人都想获得成功，但是却很少有人能够真正下狠心去努力。要知道，人生不是一蹴而就的，一切的成功都离不开顽强的奋斗，对自己严格一点，离成功就能近一些。

本书从人性的角度出发，为读者朋友们剖析人性的弱点和局限，帮助读者朋友们认识自己，认清社会，进而战胜自己，下狠心向成功靠近，创造属于自己的灿烂人生。

图书在版编目（CIP）数据

对自己狠一点离成功近一点 / 陈楠华，王怡文，郭静编著. --北京：中国纺织出版社，2017.11（2023.1 重印）
ISBN 978-7-5180-3959-3

Ⅰ.①对… Ⅱ.①陈… ②王… ③郭… Ⅲ.①成功心理—通俗读物 Ⅳ.①B848.4-49

中国版本图书馆CIP数据核字（2017）第204737号

责任编辑：闫　星　　特约编辑：李　杨　　责任印制：储志伟

中国纺织出版社出版发行
地址：北京市朝阳区百子湾东里A407号楼　邮政编码：100124
销售电话：010-67004422　传真：010-87155801
http：//www.c-textilep.com
E-mail：faxing@c-textilep.com
中国纺织出版社天猫旗舰店
官方微博http://weibo.com/2119887771
佳兴达印刷（天津）有限公司印刷　各地新华书店经销
2017年11月第1版　2023 年 1 月第 6 次印刷
开本：710 × 1000　1/16　印张：15.5
字数：192千字　定价：36.80元

---

preface 前言

有人说生活是一次旅程，而且没有归途，因而我们必须用心享受生活的过程，品味旅途中的美妙风景。其实，随着社会的发展和时代的进步，每个人都面临着巨大的生活压力，这导致生活变成了一场接二连三、永不停息的战斗，所以我们要说，生命不息，战斗不止。既然是战斗，就要有股子狠劲，否则如何有资格赢得胜利呢？既然是战斗，我们就必须认真，哪怕所面对的只是一场没有硝烟的战斗，我们也要全身心投入，力争赢得胜利。

这里所说的狠一点，指的是我们要从精神和意志上磨炼自己。很多人都知道，如今的大学生已经不再像以前一样炙手可热。我们要想让自己在社会生活与工作中出类拔萃，只有大学文凭显然是不够的。最重要的是，我们还要有能力、有胆识、有魄力、够果断。唯有如此，我们才能不断提升和完善自我，让自己变成人生中真正的强者。

对自己狠一点，我们还要为自己制定人生目标。如同船只在大海上航行需要确定航向一样，我们在人生中奋斗打拼，也需要有明确的目标，才能充满力量，奋勇向前。所谓生活的理想，就是为了理想的生活，我们没有被苟且的生活折服，而是不遗余力地努力奋斗，让自己的人生除了苟且，还有诗和远方。

现代社会提倡终生学习，可持续发展。很多大学生刚刚走出校园就遗憾地发现，他们在象牙塔中学习好几年，那些知识还没有真正开始运用，就已经落伍了。在这种情况下，我们必须始终保持学习的好习惯，用知识填充自己的心灵，用奋斗扬起生命的风帆。哪怕我们为了实现理想撞得头破血流，一败涂地，也没有关系，毕竟我们真正开始了，迈出了通往成功的第一步。记住，机会永远只属于实干家，不属于那些只会说空话、做白日梦的空想家。

对自己狠一点，千万不要对自己过于宽容。人总是有惰性的，当我们对自己太宽容，就会情不自禁地一点一点地降低对自己的要求，最终导致我们的人生失去奋斗的力量，变得萎靡不振。尤其是当感受到自己内心的软弱时，我们更是要逼迫自己勇往直前。要记住，人生之中的很多狠角色，都是被逼出来的。如果你今天选择了安逸，那么你明天必然会付出更多的艰难和辛苦，才能弥补短暂的享受带来的退步。如今，整个世界都在发生翻天覆地的变化，生活恰如逆水行舟不进则退。我们唯有对自己狠一点，再狠一点，才能离成功越来越近！

朋友们，对自己狠一点，要落到实处，脚踏实地地去做，而不是使其成为一句空话。我们必须狠下心，怀着必胜的信念，对自己狠一点，才能彻底改变命运！

编者

2017年1月

contents 目录

第 01 章

你不对自己狠一点，就不知道自己也可以成功

现代社会，很多人以狼自喻，说自己是一匹来自北方的狼，因而具有狼的野性，会不顾一切地追求成功。实际上，人生的确是非常艰难的，任何时候，我们都要具有狼的勇气，才能勇往直前，并且获得人生的收获和成功。大多数人之所以总是失败，或者总是与成功失之交臂，就是因为他们对待自己缺乏这股狠劲。要知道，实际上有时候断绝自己的退路反而能够迫使我们不断努力，奋勇向前。

苦尽才能甘来，先苦才能后甜

人生路上，大多数人都不想遭受苦难，而愿意尽情享受甘甜。遗憾的是，人生总是先苦后甜的。反之，则会先甜后苦。所以，明智的朋友们懂得应该先吃苦，再享乐的道理。举个很简单的例子，很多孩子小时候不愿意学习，父母为了迁就他们，就放纵他们，对他们放任不管。最终，他们长大之后因为没有考上好的大学，而失去好工作，也因为从小娇生惯养总是享福，导致毫无担当，最终失去了人生最好的契机，变得离成功越来越远。可想而知，他们人生的后半段，肯定会非常被动。

尤其是对于很多知识的学习和技能的掌握，都是越年轻越好。假如孩子小时候不愿意努力学习，长大了也必然因为自身的散漫和慵懒，导致一事无成。所以朋友们，趁着自己还年轻，千万不要畏难，更不要对于任何事情都以“我不会”作为人生的借口。我们唯有知难而上，迎难而上，才能最大限度发挥自身的能力，实现自身的梦想。人，是有很大潜力的。但是懒惰恰恰掩藏了我们的潜力，尤其是很多朋友畏难情绪很重，宁愿在没开始的情况下就选择放弃，也不愿意勇敢面对人生。这样一来，人生还谈何开始呢？自然也就更加远离成功。

不管什么时候，如果刚开始时总是害怕麻烦，那么人生就会困难重重。我们羡慕成功者顶着的光环，殊不知，他们很擅长逼迫自己，让自己断绝后路，只能一往无前。也只有这种方法，才能最大限度挖掘出我们的潜力，从而帮助我们实现人生的辉煌。

第二次世界大战期间，所向披靡的德国军队袭击了位于波兰南部边界地区的一个小镇。残忍的德国军队对于小镇上的犹太人毫不留情，肆无忌惮地进行大屠杀，导致无数犹太人或者惨死，或者出逃，全都家破人亡。当时，小镇上的一位名叫扎巴克的男性刚刚迎来儿子的诞生，看着生产后虚弱的妻子和嗷嗷待哺的孩子，他只能冒着生命危险继续出去做生意。有一次，扎巴克在回家的路上邂逅德国军人，因为对他们看了一眼，就被俘虏了。

德国军人把扎巴克关到集中营里，并且驱赶着扎巴克和很多此前俘虏的人一起去树林里修铁路。此时此刻，扎巴克心急如焚，他非常牵挂妻子和孩子，因而一直在想方设法地逃跑。为了提高逃跑的成功率，他还请教其他俘虏，想要找到一种行之有效的方法。然而，其他俘虏全都嘲笑扎巴克的异想天开，因为他们全都认为这个地方连只苍蝇都飞不出去，大活人更不可能成功逃跑。不过，扎巴克并没有因为其他俘虏的嘲笑就放弃自己的梦想。每天，他在条件恶劣的集中营里生活，食不果腹，而且还要干很多种体力活。集中营里的很多俘虏都因为恶劣的生存条件染上疾病，扎巴克看着同伴们接二连三地倒下，感到心急如焚。一天，扎巴克的两个同伴去世了，看守的德国士兵命令他和其他两个人，把这两具尸体抬走掩埋。扎巴克可不想死在集中营里，他还要与妻子团聚，还要抚育儿子长大成人呢！因此，他下定决心逃跑。在经过严密的观察后，扎巴克决定在结束一天的劳动后，藏到不远处掩埋尸体的深坑里，把自己也伪装成尸体，忍受着恶臭和蚊虫肆无忌惮的叮咬潜伏着。虽然士兵们发现少了一个人，但是无论如何也想不到扎巴克会隐藏在埋藏尸体的深坑里。就这样，扎巴克避开士兵的检查，直到夜深人静，才长途跋涉近百公里，逃到家里。很快，整个集中营里的俘虏和看守的士兵全都因为瘟疫死去了，只有扎巴克活了下来。

回想起曾经的经历，扎巴克深信在这个世界上没有绝望，因为当事情变得无比糟糕时，也许反而蕴藏着生机。所以朋友们，我们可以通过很多方式改变命运，重要的是，我们始终心怀希望，永不放弃。所以当遭受苦难的折磨时，请相信自己一定能够苦尽甘来吧。

破釜沉舟，人生没有退路

自古以来，中国就流传着一句成语，叫做“破釜沉舟”。仅从字面进行理解，破釜沉舟的意思是砸烂做饭的锅，凿沉船只，使自己没有退路。后来，人们渐渐用破釜沉舟形容背水一战，殊死搏斗。人生路上，大多数人做事情或者作出选择时，都会想尽办法为自己留下退路。正如人们常说的，狡兔三窟，更何况是精明伶俐的人呢！殊不知，有的时候为自己留有后路非但对于我们的进取毫无好处，反而会使我们无法全身心投入地赢得胜利。如此一来，我们必然因为有后路，导致无法竭尽全力完成自己的梦想，实现自己的目标。所以，很多明智的人为了让自己不遗余力地拼搏，就选择破釜沉舟，斩断自己的所有退路，从而逼迫自己一往无前。

秦朝末年，秦二世派出骁勇善战的大将章邯率军攻打赵国。赵国兵力很弱，很快就被章邯的军队打得节节败退，不得不退守巨鹿。秦军见状把赵军围困起来，等着他们缴械投降。无奈之下，赵王只好派人向楚国求救，楚怀王任命宋义担任上将军，又下令让项羽担任副将，并且让他们二人率领大军赶往巨鹿，帮助赵国解围。出乎意料的是，宋义率军来到安阳后，当即按兵不动。他整日花天酒地，丝毫不管将士们粮草短缺，生活困顿。尽管作为副将的项羽再三催促宋义赶紧渡江去巨鹿，解救赵军，但是宋义却不以为然。原来，宋义是想等到秦军和赵军两败俱伤之后，再率军进攻，这样便可不费吹灰之力就能取得成功。

对此，项羽终于无法继续忍耐，他冲动地冲进营帐，以叛国之名杀了花天酒地的宋义。正所谓“将在外，军令有所不受”，在将士们的热情拥护下，项羽成为代将军，楚怀王得知消息也无计可施，当即任命项羽为真正的上将军。

通过此事，项羽在楚国树立了威名，在军中树立了威信。他当即派出两名强悍的将军率领精兵渡河，赶到巨鹿与秦军交战。得知这两名将军旗开得胜后，他当即下令全体将士渡河，与秦军决一死战。

为了鼓舞将士们的士气，使他们知道自己除了与秦军殊死搏斗之外，根本无路可退，项羽采取了很多行动。他当即下令全体将士凿穿渡河的船只，摔碎做饭用的锅灶，而且还把营地的所有帐篷都烧毁了。此外，他只给每名将士发了三天的粮食。由此一来，全体将士都意识到他要与秦军决斗，要么胜利要么死亡，这两条路只能择一而行。

果然，项羽带领的队伍每个人都抱着必胜的信念，毫不畏惧强大的秦军，在巨鹿外围把秦军团团围住。在与秦军近九次激烈的战斗后，他们终于切断了秦军的补给线，导致秦军不得不投降。秦军的两名大将，一名投火自焚，一名被俘虏。在当时，虽然有很多援助赵国的各诸侯国的军队就潜伏在巨鹿周围，但他们都因为秦军的实力强大感到畏惧。只有项羽，率领楚国军队与秦军决一死战，获得了前所未有的胜利。此后，项羽威名大振，他所率领的军队成为所有反抗秦国队伍中实力最强的队伍。

尽管各个诸侯国援助赵国的部队已经到了巨鹿附近，但是他们的心态和宋义一样，都不敢贸然进攻秦军，而想要等到秦国和赵国两败俱伤之后，再收获渔翁之利。唯有项羽，他破釜沉舟，斩断了自己和全体将士的退路，所以将士们才能一鼓作气，接连就此与秦军交战，最终切断秦军的补给线，彻底战胜了秦军。尽管项羽的做法看似莽撞，但正是这种没有退路的局面，才能激发起所有将士的信心和勇气。不得不说，项羽之所以能够成功，就是因为这种高超的策略。

朋友们，我们在生活中也经常遭遇困难和绝境，当觉得自己无计可施时，不如也学习项羽，切断自己的退路，从而激发自己心底的勇气，让自己的人生变得坚决果敢，勇往直前。记住，当我们把自己逼到没有退路的悬崖上，也许并不意味着身处绝境，反而能够激励我们找到绝境之中的生机。总而言之，人生并不会真的陷入绝境，重要的是我们要始终心怀希望，充满信心和勇气。

身处绝境，只能一往无前

现实生活中，面对困难我们常常感到害怕，甚至觉得前面没有路可走了，因而心生恐惧。实际上，人生真的有绝境吗？人生是没有绝境的。不管什么时候，当我们感到害怕，而且觉得毫无选择时，不如把自己置之死地，这样才能做到重生，也才能驱走我们心底里的恐惧，让我们更加勇敢，一往无前地前进。

很多朋友喜欢旅行，也走过世界各地的山山水水，那么他们就会发现，在这个世界上，大多数道路都是蜿蜒曲折的，很少有笔直向前的。换个角度来看，也许现代文明使我们拥有很多平坦的大道，但是要想欣赏绮丽的风景，我们就要走到人迹罕至的小路上，它不但弯曲，而且坎坷不平。实际上，人生又何尝不是如此呢！如果用路来比喻人生，人生绝不是充满现代文明色彩的笔直大道，而是那些蜿蜒曲折的山间小路。在路上，我们既有机会欣赏美丽的风景，也会遭遇浅滩溪流，或者是高山险阻。总而言之，我们唯有坚定不移地前进，才能最终赢得光辉的人生。要知道，理想总是在高山之巅，要想实现梦想和理想，我们就必须鼓起勇气，在绝境中勇往直前，才能山重水尽疑无路，柳暗花明又一村。这才是人生中最高尚的境界。

生活是艰难的，每个人都要饱尝生活的坎坷。也因为各种各样的窘境，我们常常觉得生活已经无路可走了。正所谓光脚的不怕穿鞋的。既然我们没有更好的路走，那就恰恰意味着我们不管走往哪里，都是一种前进的方式，而且是比保持现状更好的方式。很多聪明的人常说，当事情糟糕到不能再糟糕的程度时，也就意味着生活的状况开始好转。举例而言，当我们置身于重重山峦的谷底，那么我们每走一步，都是向上的攀登，人生也恰恰如此。

近来，小娜感受到人生的极端低落。大学毕业后，小娜回到家乡的一所小学当老师，因为工作的局限，她并没有机会为自己寻找合适的男朋友，所以她在同事的介绍下，与一位在北京打工的男士结婚了。当时的小娜，工作上并不如意，因而一心一意想跟着丈夫去北京。但是婆婆却不乐意了，说："我们娶你，就是因为觉得你有稳定的工作。要是早知道你要辞职跟着去北京，我们还不娶你了呢！"婆婆的话，小娜并没有放在心上，她总觉得自己的人生需要改变，她一刻也不想待在这个闭塞的小村庄了。

在小娜的坚持下，对小娜并没有太多感情和了解的丈夫，答应了小娜的要求。就这样，小娜跟着丈夫一起去了北京。但是，糟糕的事情接踵而来。不到一年，小娜怀孕了，此时却发现丈夫与他的前女友之间还有不清不白的关系。小娜这才知道，原来丈夫当初和前女友分手，并非因为感情问题，而是因为前女友是乙肝病患者，所以婆婆才狠心拆散了他们。要知道，丈夫和前女友可是谈了好几年的恋爱啊。思来想去，小娜觉得非常懊丧。认识到自己与丈夫的感情根本不堪一击，所以她改变策略，决定流产，结束婚姻。

随着婚姻的结束，孤身一人留在北京的小娜心如死灰，甚至产生了轻生的念头。但是思来想去，她还是决定要好好活着，毕竟父母辛苦抚养她长大，供养她读书，不是为了承受白发人送黑发人的痛苦。就这样，小娜痛定思痛，先是找了一份又苦又累的销售工作，每天都要顶着炎炎烈日在大马路上散发传单，后来又不断跳槽。最终，凭着自己出色的能力，几年之后，小娜在一家房产经纪公司成为一名管理人员，变成了不折不扣的白领。此时的她，虽然有过短暂的婚史，但是因为没有孩子的牵挂，而且自身特别优秀，所以得到了很多男士的主动追求。不得不说，小娜迎来了人生的春天。

曾经，命运对于小娜非常残酷，也使得她万念俱灰。幸好，小娜从未放弃过自己人生的理想，更没有放弃自己的责任和义务。所以，她才能鼓起勇气，重新扬起生命的风帆，一往无前。果不其然，对于凡事都坠入低谷的小娜而言，每一步前进都是高攀，都是向着人生的高峰不断攀登。永不放弃的小娜，最终迎来了人生的春天，也证明了自己的实力。

朋友们，任何时候，都不要因为过去而耿耿于怀，更不要因为害怕失去而畏首畏尾。也许我们人生的现状甚是苍白反倒是一件好事情，这样我们反而因为一无所有，变得无所畏惧。记住，生命不应该是一潭死水，而应该是一潭充满生命力的活水。任何时候，只要我们不放弃，我们也就拥有希望和永不凋谢的未来。

山重水复疑无路，柳暗花明又一村

很多时候，我们被生活逼得走投无路，自以为陷入生活的绝境无法自拔，因而心深感绝望。其实，我们只是看似陷入绝境，只要我们的内心不放弃希望，只要我们坚持不懈地努力，我们完全有机会把绝境变成新的生机和机遇，从而帮助我们的人生再次掀开新的篇章，展开新的旅程。

也许有些朋友非常乐观，觉得自己一生之中永远不会陷入绝境。其实不然，没有人能够永远在生活中顺遂如意。假如我们觉得自己很顺利，不会遭遇绝境，也就恰恰意味着我们正在走向绝境。与此相反，对于一个有着忧患意识的人而言，也许经常会害怕自己遭遇绝境。其实命运是无常的，不管我们多么担忧，都无法避免绝境的突如其来。因此，最好保持平静的心态，即便真的面对绝境，也要相信这是命运对于我们的考验，能够帮助我们历练和提升自我，让自己变得更加顽强坚毅。尤其是当你成功的时候，你要感受的不是自己身处顺境，而是要感受那些曾经使你感到绝望和沮丧的绝境，正是因为超越和战胜绝境，你才成为今天的你。

和让人警醒的绝境相比，顺境如同是一种麻醉剂，会让人的心灵变得越来越麻痹，整个人也会更加懒散。唯有绝境，才能激励我们不断奋斗和进取，始终保持顽强的战斗力。对于任何人而言，绝境不只是一次转折，也是一次升华。光阴荏苒，当我们渐渐老去，我们才会发现命运中值得我们拿出来与子孙后代分享，与他人炫耀的，是曾经的绝境。我们必须相信，一个人除非自甘平庸，否则绝不会被困难打倒，更不会陷入人生的绝境。所以，我们必须突破自身的局限，远离命运的诅咒，成为征服困境和绝境的强者。正如巴尔扎克所说的，绝境，是天才进步的阶梯。

张明和刘思雨是同事，都在一家旅游公司当导游。有段时间，因为公司遭遇危机，所以他们全都被裁员了。对此，张明感到很沮丧，当即四处奔波找工作。但是刘思雨呢，却不想再继续打工，而是想借此机会开展属于自己的生意，自己当老板。

尽管好朋友张明和家里的亲戚家人都表示反对，刘思雨却一往无前。为此，他还拒绝了张明为他介绍的一份很好的工作。转眼之间，五年的时间过去了。张明已经凭借出色的表现成为公司的中层管理者，刘思雨呢，却因为经营不善，导致生意经营惨淡，最终宣布破产。面对这样的情况，已经拥有决策权的张明再次向刘思雨伸出橄榄枝，真诚地邀请刘思雨去他所在的公司工作。但是刘思雨却信誓旦旦："我已经知道自己失败的原因，只要再给自己一次机会，我一定能成功。"看着负债累累的家，刘思雨却依然充满信心。

转眼之间，又是一个十年。张明成为公司的高层领导者，但是刘思雨却拥有了属于自己的连锁餐饮企业，在全市拥有二十八家分店。尽管张明发展得也很好，但是充其量就是一个高级打工仔，刘思雨却成功地绝地反击，拥有了真正属于自己的家族产业。不得不说，他们的人生，也许从他们一起被辞退的那一刻起，就出现了分水岭。

大多数人在自己做生意失败之后，一定会第一时间结束尝试，规规矩矩地找工作。不得不说，他们都缺乏越挫越勇的精神，这也正是人们获得成功必须具备的精神。幸好刘思雨没有接受张明的邀请，成为张明的下属，所以他才能总结经验和教训，踩着失败的阶梯层层攀登，越挫越勇。同样的道理，我们在人生之中，也不要因为看似遇到绝境就放弃。正如海明威笔下的桑迪亚哥老人所说的，一个人可以被打倒，但是不可以被打败。我们也要拥有这样的坚毅精神，才能在一次次被打败的经历中不断地总结经验和教训，踩着失败的阶梯攀登成功的高峰。

正如唐代大诗人孟郊所说，深山必有路，绝处总逢生。只要我们在人生路上永不停息地往前走，我们就能够找到新的生机，从而为自己的人生开辟新的道路。正所谓山重水复疑无路，柳暗花明又一村。我们必须记住，希望永远在我们的心里。只要我们心怀希望，我们的人生就永远充满希望。

面对退路，也同样不能退却

前文我们说过，为了背水一战，迫使自己勇往直前，我们必须斩断退路。很多时候，退路的确是存在的，而且就在我们身后，只要回头就能改变人生的方向，以新的姿态面对生活。但是，我们能退吗？破釜沉舟的时候，我们无路可退；身后有退路的时候，我们同样也不能退。要知道，人生终究是退无可退的。一旦将后退变成一种习惯，我们哪怕遇到小小的困难，也会第一时间想到后退，导致人生退无可退，真正陷入绝境。真正的聪明人，即便有退路，也不会后退，他们或者斩断退路让自己无路可退，或者勇往直前，根本不会回头。

很多朋友都说，人生是一场没有归途的旅行。退一万步说，即便我们后退，也无法回到来路，更不可能找回生活最初的状态。所以朋友们，我们必须怀着坚定不移的信念勇往直前，因为如果后退也是一种前进，那么我们为何不鼓起勇气，真正的奋勇向前呢！

在大自然中，很多鱼每到季节，就会逆流而上。难道它们不知道顺流而下会更节省力气，也会更加轻松吗？但是它们偏不选择那条轻松的退路，因为它们知道唯有一往无前，才能赢得生机。没有人知道鱼是否因为生活的艰难而流泪，就像没有人知道别人是否因为生活的艰难而流泪一样。我们必须独自品味内心的煎熬，也必须独自承受生活的艰难。这一切，都是生命所必须经历的。曾经有位老人在冰冻的河水中发现一条鱼，那条鱼显然已经被冰冻很久了，但是它依然保持着游动的姿势，这一点是我们作为人类必须学习的。还有候鸟，每到季节就会竭尽全力飞到春暖花开的地方，尤其是在漫无边际的大海上，它们飞得筋疲力尽，才能找到歇脚的地方，让自己喘息片刻。人生也是如此，很多时候我们觉得自己无法继续坚持下去了，但唯有坚持，我们才能突破身体和心灵的极限，从而帮助自身赢得更加美好的未来。

读大学期间，小马的成绩不是很好，几次因为考试不及格参考补考，有一次还被学校劝退呢！他的心思不在读书上，一心想要跟随朋友做生意。有一次，一个社会上的朋友告诉小马，只要投资二十万元，一年之内就可以获得百万的分红。发财心切的小马怦然心动，好不容易才说服父母为他东拼西凑了二十万元。然而，只过了一个月，那个朋友的公司就因为经营不善宣告破产，小马的二十万元投资，最终竹篮打水一场空。

这次教训很惨痛，父母四处托人找关系，想为小马安排一份安稳的工作。不想，小马决定要继续创业，因为他很清楚唯有创业成功，才能尽快还上二十万元外债。毋庸置疑，通往成功的道路总是充满坎坷挫折的。小马之后又接二连三遭遇了好几次失败。他虽然在学习上不灵光，却很有毅力，他继续再接再厉，百折不挠，最终发现电信公司的某项业务有很好的发展空间，因而决定成为电信的代理，把这项业务到各个大学校园大力推广。小马这次成功了，他不但还清了外债，而且还获得了很好的发展。

在这个事例中，父母安排的稳定工作，对于小马而言无疑是一个很好的退路，但是小马偏偏不愿意后退，而是要继续努力，艰苦创业，接二连三地遭遇失败之后，他终于找到了属于自己的商机，从而一发不可收拾。人生是有高峰和低谷的。任何时候，我们都不要因为身处低谷就放弃希望，也不要因为身处顺境，就得意忘形。唯有坚持努力，持续付出，我们才能找到人生的最佳契机，获得梦寐以求的成功。

人生，总是要面对接踵而至的困难和一个又一个的坎。如果我们一旦后退，那么就会养成退缩的习惯，导致经常想要不停地后退。在这种情况下，人生还谈何进步呢？所以朋友们，我们必须勇往直前，才能在人生之中乘风破浪，勇敢向前。有人说习惯决定人生，那就让我们的人生养成勇往直前、绝不退缩的好习惯吧。

没有退路可以，没有活路不行

前文我们一直在说，为了迫使自己勇往直前，必须斩断后路，不给自己留后路。这一篇文章里，我们必须要说，人生可以没有退路，也可以有了退路而不退，但是却不能没有活路。现实生活中，大多数人都仰慕成功者，而抱怨自己碌碌无为。实际上，成功者和碌碌无为者之间相比较，成功者并非有着多么独特的过人之处，也并非能力或者学识超出很多。大多数成功者，之所以能获得成功，是因为他们有着明确的目标，而且心思活络，在实现目标的过程中虽然勇往直前，但却不会一条道走到黑。任何情况下，我们可以没有退路，都不能没有活路，我们必须给自己留有活路，才能更好地及时调整自己的思路，做到顺势而为。

毋庸置疑，人生正因为有着明确的目标，所以才有前进的动力。可以说，目标之于人生，就像是灯塔之于漫无边际的大海。船只要想在大海上始终保持正确的航向，向着目标前进，就必须得到灯塔的指引。同样的道理，人生要想勇往直前，奔向目的地，也需要有目标的指引。每个人都渴望得到成功的人生，也愿意如同项羽一样破釜沉舟。遗憾的是，成功得来不易，在实现成功的过程中，我们必须付出很多艰难的努力，并且要保持坚韧不拔的毅力，决不放弃。和那些在人生之中漫无目的的人相比，唯有保持正确的人生目标，我们的人生才能更加充实，目标明确，不被那些乱七八糟的繁琐事务打扰。

在世界马拉松比赛上，一位来自日本的选手出人意料地获得了冠军。对于这位默默无闻的选手夺冠，很多人都感到非常惊讶，很多记者蜂拥而至，特意来采访这位选手。然而，面对记者的提问“请问，您是如何夺冠的”，这位选手故作高深地说：“凭借智慧。”记者听到这个回答觉得很好笑，毕竟马拉松比赛又不是国际象棋比赛，这位选手大概是敷衍了事，不想道出获奖的真谛吧。因此，记者没有追问。

几年过去了，又到了世界马拉松比赛。这次，这位日本选手再次轻松夺冠。又有记者来采访他，他却依然轻描淡写地说自己是“凭借智慧”取胜。对此，大家都感到很纳闷，也对这位冠军的故作高深，感到很不满意。直到数年之后，这位日本选手出版了一本自传，人们才理解了他所说的“凭借智慧”取胜是什么意思。原来，大多数马拉松选手都把目标定在遥远的终点，但是这位选手心思很灵活，他很清楚如果盯着遥远的目标奔跑，自己很快就会疲劳。因此，他在比赛前先认真走了一遍比赛的线路，而且对沿途的标志性建筑或者植物，进行了详细的标记。他每隔一段路，就会选出一个有标志性的东西作为自己的短途目标。如此一来，他很轻松地奔到第一个目标，然后又很轻松地奔到第二个目标，以此类推，他对于自己划分的每一次短途跑步，都精神抖擞，精力充沛，速度也很快。

不得不说，这位马拉松选手虽然不给自己退路，但是却为自己留了活路。这样，在漫长的马拉松赛道上，当他感到疲劳的时候，就可以以近处的目标不停地激励自己，让自己勇往直前，以百米冲刺的速度不停地冲向一个又一个目标。

毋庸置疑，我们唯有确定目标，才能心态明确，从而保持飞速向前。但是，人生并不是一条道走到黑，人生的路也不可能永远一帆风顺。当我们因为人生的蜿蜒曲折，或者是坎坷不平，而感到心力交瘁时，即便不能后退，也完全可以想办法激励自己，坚持奋进。

人生在世，总是难以事事如愿以偿，我们必须耳听六路，眼观八方，根据事情的发展变化，随时随地调整自身思路，这样才能最大限度地发挥我们的能力，收获人生的成功。记住，目标要明确，思路要灵活，活路一定要有。

第 02 章

下狠心去做事，要有野心而且永远充满斗志

现实生活中，很多人都以年轻为资本。的确，年轻是我们人生最大的资本，不管什么时候，我们都要以年轻为理由，在人生路上不断奋进，从而让我们的人生满怀激情，斗志昂扬。每一个年轻的朋友们，都要抓住年轻时的美好时光，绽放我们的青春。唯有努力，唯有拼搏，我们才能不辜负热血青春。

做人，就要野心勃勃

发自内心来说，人们并不喜欢那些特别折腾的人，总觉得原本安静的人生，似乎被他们折腾得不那么安静了。殊不知，人生要想有所改变，就要生命不息，折腾不止。细心的人会发现，大多数成功者，都是喜欢折腾的人，最终他们也的确改变了人生，创造了人生的成功和奇迹。从本质上来说，折腾并非没事找事，而是生命的本质，是对人生积极乐观的态度，是能够打破一个旧世界创造一个新世界的决绝勇气。一个人只有敢于折腾，善于折腾，才会更加富有吸引力，富于人格魅力，也才能不断进步，不断进取。

毋庸置疑，生活往往是平淡如水的。我们经常因为生活的困顿，就变得如同被囚禁在死水中的鱼一样，奄奄一息。有多少男人和女人出轨是因为生活的平淡和呆板，有多少人突然坚决地辞掉工作，也是因为生活的死气沉沉。不管什么时候，我们都要学会即使面对人生的磨难，也要有勇气打破生活的一成不变。我们必须记住，我们唯有充满自信地昂扬向前，才能更加接近成功。要知道，懦弱的人才会始终碌碌无为，永远被生活裹挟着朝前走。相反，积极的人生就应该满怀热情，不停地开拓进取，积极创新。

说起折腾，很多人都特别困惑，因为他们不知道折腾的意义何在。实际上，折腾就是拥有远大的志向，竭尽所能，不断攀登人生的高峰。折腾就是打破常规，独辟蹊径，从而找到更新更好的生活方式和工作途径。

大学毕业后，乔乔回到家乡小县城，去到一所村小工作。菁菁呢，则背起行囊去了遥远的大城市，开始打拼的日子。转眼之间，几年过去了，乔乔已经在他人介绍下找到男朋友，结婚生子，在县城买了一套房子。她的丈夫和她在同一所学校工作，所以他们在远离县城四五十里路的村小有宿舍，平日里就住在学校，只有周末才回县城的房子。他们的日子就是两点一线，学校和县城的家，这样不停地往返，来回奔波。

菁菁呢，在大城市还没有安家，因为大城市的房子很贵。她也没有找到合适的另一半，依然形只影单。所以，她有的时候未免羡慕乔乔的安稳，但是一想到乔乔生活的半径那么小，而自己虽然在大城市还没有太大的收获，但是却收获了眼界，又未免觉得自己的生活更好。光阴荏苒，转眼之间，又是十年。这十年，是人生中最宝贵的时间。再看看乔乔，数十年如一日，生活毫无变化。菁菁呢，已然买房，结婚生子，在大城市有了一份安稳的生活和工作，俨然是人生赢家。尤其是当菁菁家的老大和乔乔家同岁的老二遇到一起时，两个孩子之间差距更是明显。就连乔乔的老公都感慨地说："到底是大城市的孩子，真是大方，而且知识面广，什么都懂。"这时，菁菁很庆幸自己的选择。因为她打好了基础，她的后代就是大城市里土生土长的孩子，起点必然比家里的孩子高了很多。仅就这一点，她就觉得一切都是值得的。看着菁菁俨然都市白领的模样，乔乔心里有些酸涩，说："哎，看着你们的日子，我觉得自己半辈子都白活了。我就是学校和家两点一线，人生如同空白……"

做人是需要有野心的，如果没有野心，就注定了一生碌碌无为，非常平庸。当然，有野心也未必就能够成功，但是最起码野心帮助我们的人生不断腾飞，哪怕失败了，也因为有了开始，而为人生积累了更加丰富的经验和阅历。所以朋友们，任何时候都不要自甘平庸，哪怕命运对于我们没有特殊的眷顾，我们也要不遗余力勇往直前。唯有如此，我们的人生才会实现属于我们的精彩与辉煌。

人生，需要主动出击

很多时候，我们的人生之所以庸庸碌碌，并非因为我们缺乏好的创意和金点子，而是因为我们的人生缺乏主动进取的精神。没错，每一个成功者之所以有如今的辉煌成就，并非因为他们得到命运的特殊眷顾，而是因为他们具有积极主动的精神，从不被动地等待命运的赏赐和青睐，而是主动发起进攻，从而帮助人生赢得更多千载难逢的好机会。

很多朋友都知道，人生经不起等待。人生看似漫长，实际上只是沧海一粟，弹指一挥间。一不经意，我们的人生就会如同白驹过隙，转瞬即逝。既然如此，我们要知道很多机会都是千载难逢的。机会从不等待人，更不会眷顾谁。任何人要想抓住好机会，就必须做好准备，随时随地都等待人生的命令。在这种情况下，我们更要把握人生，让人生变得主动从容。任何时候，朋友们，都不要怕累，更不要害怕付出。要知道，在人生的长河中我们每一次艰难的付出，最终都会沉淀下来，成为我们人生最终的积累和历练。所以，我们唯有主动，才能争取抓住更多的机会，才能比别人多创造一些成就，才能让人生变得更灿烂更辉煌。遗憾的是，如今的社会上有很多年轻人都习惯了衣来伸手、饭来张口的生活，他们从小就被爸爸妈妈和爷爷奶奶捧在手心里长大，已然不知道如何才能更主动地面对人生。虽然他们渐渐长大，成熟，走入社会，进入职场，但是他们陋习难改，最终眼睁睁地与好机会失之交臂，根本承担不起属于自己那份沉甸甸的责任。

从古至今，所有的成功人士获得成功都不是一蹴而就的。为了成功，他们同样日积月累，坚持不懈地付出，最终才能取得傲人的成绩。每天多做一点点，这句话也许说起来很容易，但是做起来却很难。毋庸置疑，人人都想抓住眼前的片刻安闲让自己生活得舒适惬意，等到他们书到用时方恨少时，却已经为时晚矣。其实，人生的积累和读书学习相差无几。诸如，一个好学生，绝非努力用功一节课或者一天，甚至是一周，哪怕是一个月，就能让成绩突飞猛进的。大多数好学生，都有着良好的学习习惯，也许他们在某一个节点上看起来学习轻松，毫不费力，但是他们每天都在坚持为了学习而付出，因而最终才能学有余力，学得轻松惬意。现实生活中也是如此，我们不管做什么事情，在有能力的情况下不如未雨绸缪，这样也就避免了事到临头，措手不及。

美国标准石油公司是洛克菲勒一手创办的，作为当时世界上最大的石油生产公司，每桶石油卖到4美元。因此，公司的宣传用语为：标准石油每桶4美元。当时，阿基勃特还只是石油公司最普通的推销员，因此，他不管是外出出差住旅馆，还是去商场购物，抑或者是去饭店用餐，甚至包括给亲戚朋友写信的时候，只要需要他签名，他就从未忘记把“标准石油每桶4美元”这句宣传语写在自己的签名下面。日久天长，知道他习惯的同事们，都调侃他为“每桶4美元”。

有一天，洛克菲勒从下属口中得知此事，感到非常惊讶，也很兴奋。因此，他当即让秘书邀请阿基勃特与他一起共进晚餐。用餐时，他问阿基勃特：“你认为你有必要在一天二十四小时中都为公司宣传吗？”阿基勃特毫不迟疑地反驳：“当然，这完全是举手之劳。即便不是在工作时间里，我也同样是公司的成员啊，我每多写一次这句话，就有更多的人知道我们石油公司。也许一次两次的宣传没有额外效果，但是日久天长，就会有更多的人知道我们公司。”这番话使得洛克菲勒非常欣赏阿基勃特，并且开始用心栽培他作为自己的接班人。果然，等到洛克菲勒在五年后卸任时，他没有让儿子继承他的职位，而是选择阿基勃特作为自己的接班人。这个决定，让所有人都大跌眼镜。

实际上，洛克菲勒把职位交给阿基勃特并非不可理解。一个人如果能够时刻都把公司放在自己的心里，那么他必然得到老板的认可和赏识。石油公司后来的发展证明，洛克菲勒把职位传承给阿基勃特完全是明智的。所以朋友们，我们必须把自身当成是人生的主宰，以主人翁的身份博弈人生，才能得到人生的丰厚回报和馈赠。

也许有朋友会说，阿基勃特只是把那几个字写在签名下面而已，这轻而易举。的确，一次两次写下这样一行字的确轻而易举，但是长年累月、不分时间场合地为公司宣传，就实属难得。如果我们羡慕阿基勃特的幸运，那么也要从现在开始做到积极主动地面对人生，这样才能彻底改变命运，成就人生的辉煌。

可以平凡，但要拒绝平庸

在这个熙熙攘攘的世界上，大多数人都是平凡的人，他们有着自己的喜怒哀乐，因而不管什么时候，都安然自得。的确，这就是普通人生活的常态，平凡的人生，普通的日子，平淡如水的人生节奏。但是，需要注意的是，我们可以平凡，却绝不能平庸，更不能陷入流俗之中无法自拔。

人活着，常常有人感到困惑，不知道人生的真谛和意义到底何在，也不知道经历这漫长的一生归根结底是为了什么？尤其是面对人生的抉择的时候，我们不得不忍痛做出取舍，既要成全自己，也要肩负起自己的责任和义务，从而让自己的人生更加圆满。从这个角度而言，我们难免扪心自问，难道我们活着，就是为了成就人生的圆满吗？

记得曾经有个故事说，一个圆少了四分之一，为了让自己圆满，它就不停地四处滚动，想要补足自己的缺憾。等到它终于找到了缺少的四分之一，它补足了自己，却发现再次行走时变得咕噜噜直转圈，再也无法停下来欣赏沿途的风景。这个故事告诉我们，为了人生更加精彩，我们无须过于关注自己是否圆满。在人生路上，最重要的不是目的地，而是过程和沿途的风景。所以朋友们，让我们更多地关注人生的经过，不要被平庸打败，变得碌碌无为。

现代社会，生活节奏越来越快，工作压力越来越大。很多人整日奔忙，却不知道自己归根结底为了什么，也不知道如何才能提高自己的效率，更好地面对和享受生活。实际上，我们的一切努力，并非为了完成父母的期望，也不是为了得到他人的羡艳，我们唯一的目的应该是成就自己。人生是一场遇见，不管遇见多少个完美的他人，我们最想遇见的实际上还是最真实而又与众不同的自己。朋友们，让自己变得美好起来吧，我们尽管渴望成功，渴望拥有财富，但是我们最渴望的还是直面自己。

大学毕业后，因为娜娜是父母的掌上明珠，所以父母总是想让她回到家乡，从事安稳的工作。但是，娜娜坚定不移地坚持自己的人生计划，她的梦想就是去国外，走遍世界各地。为此，她毅然决然地报名参军，因为她想要成为一名战地记者。对于宝贝女儿的梦想，父母难以认同。他们无法想象女儿有任何闪失，这是比让他们失去生命更加可怕的事情。

但是，娜娜想尽办法劝说父母，让父母支持她的决定。看着娜娜渴望的眼神，父母最终屈服了。他们很清楚，对于这个娇生惯养的女儿，实际上他们根本无力抵抗。他们愿意承受可能出现的痛苦，让女儿实现自己的梦想。就这样，娜娜成了一名战地记者，跟随部队深入战争，进行翔实的报告。在工作的过程中，她感受到生命的悸动，也意识到现实的残酷。伴随着硝烟和战火，她得以历练，心灵越来越敦厚沉静。她终于可以无愧地对自己说："我尽管很平凡，但是绝不平庸。"

朋友们，不管我们多么努力，我们的目的都是为了成就自己，为了奔向自己心底里那遥远的目标。任何时候，都不要抱怨人生，更不要苛责命运。要知道，造物主总是公平的，既能够帮助我们找回生命的平衡，也给予我们独特的、与众不同的闪光点。

朋友们，让我们继续平凡下去吧。因为即便是一个平凡的生命，也可以竭尽所能绽放生命的异彩，让自己的人生丰实厚重，变得更加充盈。任何时候，都不要任由生命和命运摆布。我们必须记住，每个生命都是这个世界上独一无二的每种人生都是有束缚的，也有自由天地的。我们要想拥有精彩的人生，就必须且只能成为最好的自己。

满怀激情地点燃生活

对于生活，大多数人按部就班，缺乏激情和创意，只有极少数人始终满怀热情，他们能够点燃生活的烈焰，成功地改变命运的轨迹。常言道，靠山山会倒，靠人人会跑。在漫长的人生路上，当遇到坎坷挫折和无法逾越的困境时，我们也许在此之前会有很多依靠，最终才发现原来我们只有依靠自己，才能成就自己，改变命运。事实的确如此，我们唯有成为自身的主宰，满怀激情地投入生活，才能最大限度地成就人生，点燃生活。

对于任何人而言，只要活着，最重要的不是苟延残喘，也不是混沌度日，而是要找到属于自己的人生天地，那就是我们全部的世界。当然，这个世界别人是给不了我们的，哪怕是无比疼爱我们的父母，也不能给我们。因此，我们必须自己努力不懈，才能最大限度拓展人生，实现人生。

如今，很多人都有机会走到国外，看一看外面的世界。那么经常出国的人就会发现，在世界各地，都能发现希尔顿酒店。人们知道希尔顿酒店是行业内的翘楚和传奇，却不知道这个传奇仅仅发源于5.7美元。这一切，都是因为希尔顿酒店的创始人希尔顿先生的不懈努力。

希尔顿刚刚二十岁时，就在美国新墨西哥开了一间家庭式旅馆。这个旅馆就在堆满杂物的茅草屋中，只有很少的几个房间。当时正值圣诞节，他就把这间家庭式旅馆当成圣诞节礼物送给了自己。当时，他曾经在母亲面前许下诺言，说自己终有一天要集资一百万美元，创建一家真正的旅馆，并且命名为希尔顿。此外，他还告诉母亲，自己将会把希尔顿旅馆开遍美国。对此，母亲觉得他简直在异想天开。然而，希尔顿从未忘记自己的梦想。光阴荏苒，转眼之间二十年过去了。在四十一岁生日时，希尔顿成功实现了自己年少时的梦想，当时，希尔顿酒店已经成为全世界知名的连锁酒店。这一切成功，并非因为命运垂青，而是取决于希尔顿长期坚持不懈的努力，以及他面对坎坷挫折也决不放弃的精神。

朋友们，我们经常羡慕那些成功人士，觉得他们功成名就，非常伟大，但是我们只看到他们的光鲜亮丽和成功的光环，却不曾想到他们之所以有今日的成就，是曾经无尽的付出换来的。希尔顿在刚开始实现人生第一步时，遭遇了巨大的打击。因为美国金融危机的影响，他经营惨淡，为装修得富丽堂皇的酒店忧心忡忡。但是，希尔顿没有放弃，他动员全体员工不懈努力，团结一致共渡难关。在他的号召下，酒店里的每一名员工都竭尽所能缩减开支。最终，母亲对愁眉不展的希尔顿说："孩子，一切都会过去的。"尽管只是简单的一句话，却让希尔顿重新燃起希望和勇气。他不接受破产，而是四处借债渡过难关。即便是在全家人都居无定所的情况下，他也依然努力周转资金，最终让生意起死回生。

正是因为希尔顿的不懈努力和坚持，他才能度过漫长的黑夜，迎来了黎明。在罗斯福新政颁布之后，希尔顿意识到一直以来笼罩着整个美国的阴云终将散去，他的酒店也走出泥泞，最终迎来一片光明。此时的希尔顿没有忘记自己的梦想，他与时俱进，放眼全美国，甚至是全世界。他一旦确定目标，就开始坚定不移地行动，下定决心排除万难，实现自己酒店帝国的梦想。

朋友们，我们也许听说过大名鼎鼎的希尔顿酒店，却未必知道酒店背后的故事。粗略了解希尔顿先生的经历后，我们不妨扪心自问：我们没有获得成功，到底是因为我们没有好运气，还是因为我们不够坚持和努力呢？任何时候，我们必须对生活满怀激情和热情，点燃生活的希望，这样再加上坚韧不拔的顽强毅力，我们才能竭尽全力地改变生活，成就我们的梦想和人生。

人生之路，就在我们每个人的脚下。我们如何走好人生的路，很大程度上取决于我们的努力。所以从现在开始别再抱怨生活的无情，我们首先应该反省自身是否热情地对待生活了。其实，我们必须努力，因为唯有努力，我们才能超越人生的一个又一个艰难坎坷，从而奔向属于自己的人生目标，实现我们的人生理想和美好憧憬。人生需要努力，更需要满怀激情地拼搏。从现在开始，让我们点燃人生的希望之光吧！

人生需要不停地奔跑，才能创造奇迹

当你走在路上的时候，天上突然下起大雨，有伞的人拿出雨伞，在头顶撑开，悠然自得地在雨中漫步。你没有伞，又该如何是好呢？曾经有人说，既然前面也在下雨，我不如慢慢地走，也有人说，既然我没有伞，我就要努力奔跑，这样才能躲避雨水的浇淋。的确，虽然前面也在下雨，但是一个没有伞的人是否奔跑，结果还是截然不同的。努力奔跑，可以让我们很快就跑回家里，避开大雨。但是慢慢吞吞地走着，却会让我们被大雨淋很长时间，轻则伤风感冒，重则引发肺炎等疾病，导致生命垂危。由此可见，在雨地里，作为没有伞的孩子，我们必须飞速奔跑，才能避免自己受到伤害，也才能创造生命的奇迹。

曾经，每到新学期开学，要交学费的时候，他都觉得心中无比沉重。拿着父亲东拼西凑、东借西借而来的几千块钱，他很清楚等到自己交完学费后，整个学期都不得不依靠仅剩的几百元钱度日。他知道，对于年迈的父亲而言，这已经是拼尽所能了。看着父亲担忧的目光，他总是微笑着安慰父亲："爸爸，放心吧，我有手有脚，我能养活自己。"他看到父亲勉强压抑住心酸的泪水，他一转身，却忍不住泪流满面。

他穿着破旧的球鞋走向学校，从家到学校，要走一百多公里的山路，他都是用脚步丈量的。来到县城之后，他才能花费几十元钱坐车，去到学校。这样一来，他仅剩的几百元钱生活费，就又少了几十块钱。从开学的第一天起，他就顿顿馒头咸菜，只能喝白开水，就连两毛钱一碗的清水粥，他都舍不得喝。

每天，看着同学们穿着名牌衣服，拿着几千块钱的苹果手机，动辄就去外面的餐馆里胡吃海喝，他只能绞尽脑汁地想着自己如何才能靠仅剩的几百块钱，度过漫长的一个学期。为了节省开支，他每天只吃早晚两顿饭，中午就喝点儿水。即便如此，他的钱也不够维持一个学期的生活费用。为此，他思来想去，下定决心为自己挣钱，养活自己。他拿出一百块钱，从一个同学那里买了一个很久不用的二手手机。第二天，学校的宣传栏里就出现了他亲手写的广告："代跑腿服务：代打饭、打水，给女朋友们送花、送信，保证效率。校园内一次只要一元钱，校园内外一公里以内，每次两元钱。"渐渐地，他的业务越来越繁忙，他必须每天争分夺秒地奔跑，才能在学习之余兼顾业务。就这样，他不但挣出了自己的生活费，还把下一学期的学费也挣出来了。当父亲听他说不要学费时，满是皱纹的脸瞬间绽放如菊。

别人的大学都是舒适惬意地度过的，他却是在奔跑中度过的。因为他的诚信经营，他的生意越来越火爆，他的奔跑速度也越来越快。下一个学期，他把自己努力挣到的代跑腿费用，寄给了父亲两千元。随着生意越做越大，他一个人已经忙不过来了，因此他招募了几个同样家境贫寒的学弟学妹，开始做校园代理生意。俨然，他已经成为了校园里的名人。大四毕业前夕，当其他同学都在为找工作烦恼时，他已经成为地地地道道的老板，有了自己的稳定业务。对于他的成功，父亲感慨唏嘘，他却对父亲说："爸爸，你虽然没有给我富裕的生活，但是你给了我善于奔跑的双腿。这就是我一生的财富！"

对于一个生活非常艰难、甚至食不果腹的农家孩子而言，现代的大学校园的生活，的确是太残酷了。尤其是看到其他同学全身名牌，动辄花天酒地的时候，可想而知这位贫困的同学该有多么失落。幸好，他不但有着善于奔跑的双腿，而且有着不甘认输的心。最终，他用双腿跑遍整个校园，而且也走出了独属于自己的人生之路。

没错，父母能够给予孩子的，不是金钱和财富，而是勤劳的双手和双腿，以及灵活的思想和永不服输的精神。任何时候，我们唯有更加积极主动地面对人生的挑战，改变命运，才能最终成就自己一种不平凡的人生。

朋友们，不管是刮风还是下雨，如果没有伞，千万不要慢慢踱步，赶快奔跑起来吧，也许前面是艳阳高照呢！要想收获充满奇迹的人生，我们就要奔跑，奔跑，不停地奔跑！

抗争命运，你必须积极乐观

尽管我们总是以“命运对待每个人都是平等的”这句话安慰自己，现实情况却是，命运对于每个人并不公平。法国大名鼎鼎的启蒙思想家卢梭曾经说过，人的价值取决于自身。这句话告诉我们，任何人都不能以天命不可违为借口，放弃与命运的抗争，逆来顺受地接受命运的安排。正如一首歌里唱的，三分天注定，七分靠打拼。这句歌词告诉我们，每个人要想赢得好运，就要努力与命运抗争，而且也不能随便就向命运臣服。

也许有些朋友会说自己的运气实在太差。我们不由得想问，难道那些成功者的命运都很好吗？难道他们真的得到了命运的青睐和眷顾吗？其实不然。大多数成功者之所以成功，是因为他们不屈服于命运。从某种意义上说，他们遭受了命运更加严酷的挑战和磨砺，但是他们从未放弃，也未缴械投降。所以哪怕命运对于我们的确刻薄，哪怕眼下的难关看起来的确很难渡过，我们也必须牢牢把握命运，成为命运的主宰，不为命运所屈服。

一个人要想拥有与众不同的人生，就必须牢牢地把握命运。的确，有些事情有偶然的因素在内，是不可控的。但是只要我们提升自我，时刻把握命运，坚持努力不懈，我们终究能够使命运屈服，拥有梦寐以求的人生。尤其是在遭遇困难坎坷的时候，我们更不应该把一切过失都推卸到命运身上。我们要相信自己，只要心中怀有希望，只要坚持不懈地努力，最终一定能够赶走噩运，迎来好运。当然，和命运抗衡并非说起来这么容易。一个人要想扭转命运，就必须身怀绝技，这样才能扭转情势，让事情朝着我们所期望的方向发展。

古今中外，有很多与命运抗争的事例，包括我们的现实生活中，这样的事例也并不少见。作为有心人，我们不妨看看那些生活的强者是如何与命运抗争的，这样我们也能得到激励和鼓舞，从而鼓起勇气，向命运施展绝活。

作为中国体操界的“跳马王”，桑兰虽然年纪不大，但是已经创造了很好的成绩。1998年7月21日，桑兰为了参加友好运动会，特意随着队伍提前赶到纽约，参加赛前训练。不想，在训练过程中，她稍一犹豫，不幸跌落，头部和颈椎着地，导致颈椎粉碎性骨折。这件事情发生之后，美国人民全都非常关心桑兰，祖国人民也给予了桑兰极大的支持。当时的桑兰还不到二十岁，正是人生的青春花季，原本有着美好的未来。然而这次意外伤害，导致她重度残疾，只能在轮椅上度过下半生。别说是对于花季少女，哪怕是对于任何健康的人而言，这都是无法承受的生命之重。然而，桑兰非常乐观，她受伤之后再次出现在公众视野中时，一直保持微笑，她积极乐观的精神，甚至感动了为她治疗的美国医生。

受伤后，因为伤势限制，桑兰一直留在美国接受治疗。将近一年之后，她才被接回国内，进行康复治疗。她的人生目标从如何为祖国和人民争光，变成了能够自理。这是多么锥心的痛苦啊。然而，桑兰很坚强，在基本实现自理而且病情稳定后，她积极投身于文化课的学习，与此同时还抽出大量时间参加公益活动。虽然她高位截瘫的身体再也无法站立起来，但是她的精神却屹立不倒。现在的桑兰已经建立了幸福美好的家庭，而且孕育了健康的儿子，和大多数普通人一样拥有了幸福的三口之家的生活。

任何健全的人对于生命中这样猝不及防的变故，都是很难接受的，尤其是以一个年仅十七岁的花季少女，更是难以接受人生必须坐在轮椅上的残酷现实。然而，桑兰以实际行动为我们做出了良好的表率，也鼓起勇气重新扬起了生命的风帆。

和桑兰相比，我们之中的大多数都太幸运了。至少我们还有健全的身体，至少我们无须饱受疾病的折磨。这样说来，我们还有何理由不鼓起勇气与命运抗争呢！试问，连桑兰都不放弃生命，你有何理由和资本随波逐流？所以朋友们，从现在开始告诉自己：我不相信命运，更不屈服于命运，我知道自己必须坚持，才能以积极乐观的心降服命运。

第 03 章

了解人性弱点，变强大从下狠心改变自己开始

人性是有弱点的，要想变得强大，就要从战胜自己，超越自己开始。一个人发自内心的强大，才能战胜外界各种坎坷挫折的情况，也才能让自己变得与众不同起来。当然，人性的弱点是很难战胜的，我们改变自己，必须下狠心，坚决果断，绝不手软放弃。

你炫耀什么，恰恰意味着你缺少什么

这个世界上没有两片完全相同的树叶，也没有两个完全相同的人。每个人都是这个世界上独一无二的存在，都是无可替代的，也是别人无法企及的。所以，对于任何人而言，都不要妄自菲薄，也不要狂妄张扬。归根结底，每个人都有自己的缺点，也有自己的优点，肆意张扬只会让我们“聪明反被聪明误”，一味地炫耀，恰恰意味着我们内心的空虚和脆弱。相反，一个真正强大的人，不会为了得到别人的羡慕，而炫耀自身的一切。他们认为炫耀是最脆弱的一种方式，要想让人生变得厚重，我们唯一需要做的就是尊重自己的内心，坦然迎接人生，从而为人生迎来美好的未来。

从心理学的角度来说，每个人都希望得到他人的重视。我们希望被他人尊重和重视，他人也同样希望得到我们的尊重和重视。我们的炫耀，恰恰会对他人造成压迫感，尤其是当我们在那些明显不如我们的人面前炫耀时，他们定会觉得很难受。从人际关系的角度而言，他们必然会对我们产生排斥，因而疏远我们，从而使我们的人际关系变得越来越差。有的时候，过度的炫耀还会招致他人的羡慕、嫉妒和恨，而且羡慕的成分少，嫉妒与恨的成分多。当恨的感觉越来越强烈，很多自我控制能力差或者是心灵扭曲的人，就会做出冲动之举，甚至酿成大祸。所以，朋友们，不要以炫耀去刺激别人脆弱的心，要知道现代社会有很多人心灵都不堪一击。从自身安全的角度来说，从与他人关系的角度来说，我们都要低调内敛，从而让自己占据更加主动的位置。

当然，人的心理是非常复杂的。任何时候，我们都无法完全了解别人的内心，甚至对自己的内心也非常懵懂。我们并不因为自己是自己，就特别了解自己。相反，不识庐山真面目，“只缘身在此山中”，我们甚至从不知道自己内心真实的想法。很多人因为极度的自卑，都会骄傲，但这只是一种虚伪的骄傲，根本经不起任何质疑和打击。同样的道理，当人们缺少什么的时候，也会因此而变得爱炫耀，归根结底，炫耀是最脆弱的自我伪装。

一直以来，小叶都过着贫穷的生活。她不但从小生活在贫困的家庭，父母都是薪水微薄的工人，而且长大之后成家了，婆家也是最底层的小市民。因此，小叶从未过过非常轻松的生活，对于金钱，她一直以来的感受就是捉襟见肘。直到她的儿子大学毕业，找到了一份很好的工作，每个月都能拿将近一万块钱的薪水，小叶才兴奋地和别人炫耀：“我儿子可有出息了，一毕业每个月就月薪过万。等到将来，他的薪水必然越来越高，我可算是能享福了。”小叶的炫耀对象并不是那些富有的亲戚，而是她那些贫穷的工友们。对于这些每天辛苦工作十几个小时的工人来说，大学生轻轻松松月薪过万，的确是不可想象的。刚开始时，听到小叶的炫耀，大家都羡慕不已，纷纷说小叶生了个好儿子。但是炫耀的时间久了，次数多了，大家未免感到愤愤不平，甚至有些女性工友出于妒忌，还会直截了当地问小叶：“你儿子挣得再多，工资交给你吗？要知道，现在儿子可是建设银行，不定看上谁家的闺女，就去人家当上门女婿，任由丈母娘使唤了呢！”的确，儿子的薪水并没有交给小叶，因而这个问题使得小叶颇为苦恼，因为她火急火燎地说：“不管去谁家当女婿，那也是我儿子。”这样的话苍白无力，使得工友们一改往日的羡慕，背地里反而偷偷议论：“就跟没见过钱似的！”“她就是过过嘴瘾，她儿子的钱一分也没给她，早就交给她未来的儿媳妇了！”“傻了呗，现在她儿子还回家看看她，等结婚再看吧，非得天天都长在丈母娘家！”

工友们的话没有错，小叶一直因为贫穷耿耿于怀，始终没有在他人面前过扬眉吐气的日子。而且，儿子自从找了女朋友之后，的确很少回家，而且把钱都交给了女朋友，因而小叶只能以这样的方式安慰自己，让自己得到工友的些许羡慕。

很多时候，炫耀非但无法得到他人的认可，还会招致他人的冷眼相待。既然如此，我们与其心虚地炫耀，不如低调内敛。归根结底，我们是为自己而活的，我们的日子也是过给自己看的，只要我们真的幸福，别人说什么又有什么关系呢！真正懂得处事之道的人，是不会用炫耀维持自己的尊严的。

妒忌，是人心中的囚牢

对于妒忌，这是人的本能，实际上无可指责，但是偏偏很多人的本能发展得太过分，最终导致人们的内心妒火中烧，甚至做出冲动之举。自古以来，那些文人墨客都喜欢说妒忌，难道人的生活真的与妒忌联系得如此紧密，甚至到了无法摆脱的地步吗？周瑜妒忌诸葛亮的才华，最终失去性命。就连西方国家的神话中，那些无所不能的天神也在妒忌。不管是人还是神，大家都因为妒忌导致内心失去平衡，愤愤不平。不得不说，很多人都无法摆脱妒忌的影响和驱使，导致人世间事态百出，人性也在妒忌之中变得更加丑陋。

其实，只要我们合理控制自己的内心，就不会被妒忌冲昏头脑。偏偏很多人心中长着妒忌的毒瘤。他们不停地寻找妒忌的对象，而且不屑于和不如自己的人比较，却要和那些比他么优秀、能力更强的人比较。如此一来，他们心中总是难以恢复平静，他们总是愤愤不平，恨不得让自己超过所有人。对于那些被他们妒忌的人，他们更是苛刻相待，恨不得把对方批判得体无完肤。实际上，当一个人肆无忌惮、不择手段地诋毁他人时，人们一定会对妒忌者有理智的判断。人们更知道，妒忌者之所以把对方批判得体无完肤，就是因为他们心底里是羡慕被妒忌者的，所以才会做出如此过激的举动。

在文学艺术界，作为评论家，作为前辈，最珍贵的品质就是勇于推荐后人，发自内心地欣赏后人，而不因为后人的优秀和才华，妒忌他们，封杀他们。否则，这个人就会成为人类的罪人，也根本不配当一名评论家。其实，妒忌之心并不总是卑贱的，也可以变得很高贵。假如我们能够把妒忌放在心里，让自己心怀开阔地去客观评价他人，举荐他人，那么我们的灵魂都会在战胜妒忌的过程中得到升华。偏偏能够做到这一点的人少之又少，大多数人在妒忌他人的时候，不想着如何提升自我，努力赶超他人，而是怀着妒忌之心，不择手段地去陷害他人。这样一来，只怕最终的结局是害人害己，自找难看。

在《草船借箭》的历史典故中，周瑜气量狭窄，对于神机妙算的诸葛亮很不服气，因为心生妒忌，居然想出恶毒的方法，想把诸葛亮置于死地。他借口军营里缺少箭，居然设法让诸葛亮在十天里制造出十万支箭。由此可见，心思狡诈的周瑜妒忌心强，而且心狠手辣，一心想要把与他无冤无仇的诸葛亮置于死地。殊不知，诸葛亮通晓天象，居然借助于大雾弥漫的天时，只用了三天时间，就成功利用草船向曹操的营地“借”来十万支箭。周瑜的如意算盘落空了，但是他阴险狠毒的心，却在世人面前暴露无遗。

众所周知，人人都有自己的优点和长处，但是偏偏有些人，容不下别人的优点和长处。他们只愿意自己在各个方面出类拔萃，恨不得自己超过所有人。因而，每当看到别人比他们进步更快，比他们能力更强，而且比他们做出更多更大的贡献时，他们心中如同烈火烹油，煎熬难忍。其实，这么做真的有用吗？不得不说，妒火中烧并不会使别人衰弱，相反，我们却因为心神涣散，导致根本没有心思提升自己。很多人都知道大名鼎鼎的数学家华罗庚，他在数学上的造诣很大，但是他小学时期成绩很差，而且算数总是考不及格。在这种情况下，他从不妒忌那些比他学习成绩好的同学，而是真心实意地向他们求教，努力抓住分分秒秒的时间提升自己。正因如此，他最终才能成为伟大的数学家。对于后代的有才之士，他也毫不妒忌。他发现了陈景润在数学方面独具天赋，因而毫无私心地大力举荐陈景润，所以陈景润才能摘取数学皇冠上的珍珠，也为数学贡献出自己的独特天赋，推动了数学的发展。不得不说，大凡成功之人，大凡那些拥有成就的人，全都是自身才华横溢，且并不妒忌贤能的。正是因为心底无私天地宽，他们才能攀登人生的巅峰，爬上科学的顶峰。

在一个村庄中，有个农民妒忌心特别强。他总是妒忌他的邻居，总是和邻居吵架。有一天，这个邻居正在祈祷，突然上帝降临，对他说："你有什么心愿？我可以帮你实现三个心愿，但是你的每一个心愿，你的邻居都会得到双倍。"

听到上帝这句话，农民很高兴，但是他马上又忧愁起来，因为他想到上帝的后一句话：我的邻居都会得到双倍！这怎么可以，这是我祈祷上帝，才得到的好处，我的邻居又没有付出任何努力，怎么能让他也得到好处呢！假如我得到一座金山，他就得到两座金山；假如我得到一仓谷物，他就得到两仓谷物，这简直太可怕了！不能这么做！

三天的时间里，农民一直思来想去，犹豫不定。他既不想失去这个改变命运的机会，又不想让他的邻居因此发家致富。最终，他的妒忌心理占了上风，他告诉上帝："我要瞎一只眼睛。"看着这个执迷不悟、陷入妒忌毒瘤的农民，上帝不由得心惊胆战。

这就是妒忌的疯狂力量，这就是陷入妒忌中的人有多么可怕。为了害死邻居，甚至愿意失去自己的一只眼睛，而且还放弃了自己唯一的改变命运、发财致富的机会。要知道，人一旦陷入妒忌的旋涡中，就会成为真正的魔鬼，甚至让上帝都无法面对，惊叹不已。朋友们，我们必须挣脱心中妒忌的囚牢，才能真正畅享人生。

持之以恒，才能获得最终的成功

现实生活中，每个人都渴望成就人生的辉煌，都渴望获得成功。但是，成功对于任何人而言，都是一个非常遥远的目标。通往成功的道路，并非一帆风顺的，而是漫长崎岖的。在奔向成功的终极目标时，我们不但会遭遇风雨泥泞，还会遭遇很多的坎坷挫折。尤其是现代社会，物质丰富，人们受到很多诱惑，因而导致内心动荡不安。人生数载，有人说人生是漫长的，有人说人生是短暂的，有人争分夺秒地生活，创造成就，有人一曝十寒，不懂得珍惜光阴，最终毫无成就。不得不说，对于任何人而言，唯有持之以恒，才能获得最终的成功，才能成就人生的辉煌。

人生路上，每个人都会遭遇失败。有些人之所以成功，是因为他们拥有坚韧不拔的毅力。有些人之所以失败，是因为他们总是半途而废，在挫折面前败下阵来。所以，当我们因为自己的默默无闻而懊丧时，不要抱怨，所谓“种瓜得瓜，种豆得豆”，唯有持之以恒地付出，人生才能获得收获。毫无疑问，举世闻名的科学家霍金是个成功者，他的著作《时间简史：从大爆炸到黑洞》获得了世人无数的赞许，人们无法想象这位被禁锢在轮椅上的物理学家，是怎样创造出如此伟大的成就。的确，他是如何做到的呢？他当然非常勇敢、自信，而且他坚韧不拔，在充满灾难的命运面前从未投降。他对于未来充满信心，他对于人生有着伟大的理想和志向，他无论遭受多么大的磨难，都从未动摇在科学道路上前行的信念。所以，他才能成为世人皆知的伟大科学家，才能攀登科学的巅峰。

哪怕做一件很小的事情，我们也要有持之以恒的精神。古人云：“滴水穿石，绳锯木断。”对于坚硬的石头，水滴不停地滴滴答答，都能把石头滴穿，可想而知，作为人，我们有着无穷的潜力，如果我们始终坚韧不拔，坚持不懈，我们又如何不能成就美好的未来呢！

孙大伟是台湾著名的广告教父，在从事广告业务之前，他曾经换过很多份工作。直到32岁，他才找到人生的方向，找到志业。他说：“我刚刚开始工作的时候，如果不喜欢，就会马上跳槽，或者看到有更喜欢的，也会放弃现在正在做的工作。因此，在很长的时间里，我从未从事一份工作超过两年。我干过很多工作，也自己当老板开过花店、贸易公司、文字记者等，还当过副导演去拍戏。总而言之，很多人都不理解我，我在他们眼里是不折不扣的异类。”

然而，在32岁那年，孙大伟正式进入广告业，原本人们眼中他不务正业的经历，如今成为他的资本和资源。很多广告人偏偏看上他这一点，为此，他得到上司的重用，因为他行行都熟悉，不管做什么事情都门儿清，简直是如鱼得水。这时候，他在广告业做了十几年，被人们誉为台湾的“广告教父”。

从孙大伟的经历上，我们不难看出，他的前半生是三分钟热度，不管做什么事情都没有长久的坚持，总是半途而废。从32岁以后，他进入人生的稳定期，开始全心全意地在广告业打拼，发展自己的事业。在广告业，他一待就是几十年。所以，他才能拥有后来的成就。

人要想持之以恒地获得成功，最重要的就是想到就马上去做，绝不拖延。举世闻名的摩西奶奶，在76岁的时候开始从事绘画，因为恒心和毅力，她在常人难以想象的高龄，成功在世界各地举办画展，不但收获了人生迟到的快乐，也成就了人生的奇迹。从一个村妇到世人皆知的画家，摩西奶奶用她的人生告诉我们，不管何时开始，只要坚持，就能获得成功。

朋友们，不要幻想一蹴而就的成功，任何情况下，我们唯有坚持不懈，才能最大限度地发挥自身的能力，才能在自己人生的白纸上涂抹色彩，让我们的人生变得充实而又绚烂。

要严于律己，不要对自己过度宽容

现实生活中，我们常常把“严于律己，宽以待人”挂在嘴边，实际上，更多的人只能做到严格地对待别人，但是对于自己任何有心或者无意的过错，却总是过度宽容。这样一来，我们对人的心胸会变得过于苛刻，对自己的心胸又变得过于宽广，从而导致我们的人生违背我们的意志，最终朝着与我们的预期完全相反的方向发展。

曾经，有个年轻人从24岁大学毕业开始，迄今只从事过一份工作，后来就宅在家里啃老，与父母争吵。为何会发生这样的事情呢？很多职场人士都不明白，作为一个有手有脚、四肢健全的年轻人，为何要躲在家里不思进取，而且还不停地和父母要钱，与父母争吵，难道依靠自己的努力养活自己，不是更好吗？有人说这个年轻人是被父母纵容的，有人说就业形势太严峻，所以作为毕业的大学生、年轻人才找不到合适的工作。实际上，最主要的原因是，这个年轻人对于自己过度宽容。

人生在世，很多时候，我们都要承受外界的压力。积极的人把这些压力变成动力，消极的人因为这些压力自暴自弃，最终放弃自己，也逃避现实。尤其是现代社会严峻的就业形势下，很多从小衣来伸手、饭来张口的年轻人，因为娇生惯养，也因为残酷的现实，从象牙塔里走出来的他们根本无法适应，最终出于对自己的放纵，使得他们过度宽容自己，也把人生置之不顾。

每个人都要对自己的人生负责。不管现实多么残酷，我们的生活总要继续下去。面对人生的不如意，抱怨是没有用处的。唯有积极思考，理智面对，主动迎接人生的一切艰难坎坷，我们才能降服人生。

有个女孩，大学毕业三年，迄今为止已经换第五份工作了。她的第一份工作是老师，因为工作枯燥乏味，也因为照顾那些“小皇帝”“小公主”并不容易，她很快就打起了退堂鼓，工作三个月就辞职了。第二份、第三份工作，女孩都觉得不满意，或者是嫌弃待遇低，或者是嫌弃工作地点远，也都在干了几个月之后辞职了。最可惜的是第四份工作。对于第四份工作，女孩很满意，因为这份工作不仅待遇好，而且距离她租住的房子也很近，每天可以睡眠充足，路上也无需耽误太长的时间。然而，没过多久，她又准备辞职了。朋友们不理解，有个朋友对她说：“就凭着每天十几分钟就到单位，你也不能辞职啊。你可知道，我每天上班一个半小时，我多么羡慕上班近的人啊，这可是最大的好处之一。且别说你这份工作还待遇很好呢！”女孩撅起嘴巴，说：“哎呀，虽然离家近，但是回家晚啊。我告诉你，我们的老板是个变态，几乎天天都要加班。有的时候加班一个小时还好，但是遇到着急的项目，我们就要加班到深夜。要知道，对于女孩而言，美容觉可是绝对不能错过的。否则，我一定会未老先衰，我还没找男朋友呢，我可不想这么拼命，让自己变成黄脸婆。”听到女孩的话，朋友觉得很无语，只能无奈地说：“你自己考虑吧，但是不要后悔啊！”没过几天，女孩就辞职了。如今，她正在寻找自己人生中的第五份工作呢！

很多职场人士都知道，作为初入职场的新人，要想站稳脚跟，需要付出多么巨大的努力。毕竟，公司不是家，老板也不是妈。一旦踏入职场，不管我们曾经在家的时候是多么娇滴滴的女孩，抑或者是无忧无虑的公子哥，我们都必须调整角色，重新定位自己，因为从迈入职场的第一步开始，你就要扮演好拼命三郎的角色。

毋庸置疑，每个人都希望自己的人生一帆风顺，都希望自己未来拥有锦绣前程。有这样的渴望和憧憬是很好的，但是千万不要让这个梦想变成白日梦。天上不会掉馅饼，人生中的任何收获，都需要我们付出努力才能得到。因此朋友们，不要对自己过于宽容。在这个世界上，除了父母是无原则、无条件地爱你之外，没有任何人有义务迁就你、成就你。父母终究有老去的那一天，除了靠自己，你还能靠谁？

难道9.9元真的比10元更便宜吗

经常逛超市的朋友们会发现，超市经常进行打折促销活动，尤其是那些大型超市，几乎每天都挂着黄色醒目的价格标签，让人们只要走进超市，就能看到那些使人怦然心动的价格。面对比平日里便宜很多的商品，冲动型消费者很难把持住自己，总是激动地冲上前去，赶紧把那些促销的商品加入购物车。相比之下，理智冷静型的消费者显得比较淡定，但是他们也被那些9.9的字样打动了，觉得9.9是个非常超值的价格，最终在货比三家之下也加满了购物车，赚足了便宜。

难道9.9元真的比10元便宜吗？其实不然。从算数的角度来说，9.9元只比10元便宜一毛钱。然而，从感性的角度来说，人们却觉得9.9元比10元便宜了很多，这完全是心理作用在作怪。而超市打折、商场促销，正是因为抓住了人们的这种心理，才能够大获成功。当然，这也是因为人们都有贪便宜的心理。其实，贪便宜是人的本能心理，原本无可厚非，但是如果掉入贪便宜的陷阱，人们的钱包就会成为商家的囊中之物，让商家赚钱的时候如同探囊取物般轻松自如。

很久以前，有个店铺专门从事服装和布匹生意。有一次，这家店铺进购了一件价格不菲的貂皮大衣，但却始终无人问津。为此，老板感到很发愁，因为假如这件貂皮大衣一直滞销在店铺里，不但时间长了会过时，而且还会占用店里的流动资金。

为了激励伙计们，老板在店铺里宣布，假如有人能把这件貂皮大衣卖出去，他就会奖励那个人一笔奖金。听到老板的话，虽然伙计们全都两眼冒光，但是却没有人敢承担这个艰巨的任务，大多数伙计全都撇着嘴巴，不相信自己能把这件大衣卖出去。后来，有个新伙计对老板说："老板，放心吧，我一天之内就能卖出这件貂皮大衣，但是您可要记得兑现自己的承诺啊！"看着这个连如何卖东西都没有学会的伙计，老板不由得皱紧眉头。但是，既然没有别的办法，他也只能暂且相信这个伙计。

当天下午，店里来了一个贵妇人。小伙计当即推荐这件貂皮大衣给贵妇人，并且告诉贵妇人这是当下最时兴的款式，是身份的象征，而且对贵妇人一番恭维，贵妇人果然怦然心动。因而，贵妇人问小伙计这件大衣多少钱，这时，小伙计一拍脑袋，说："哎呀，我忘记是多少钱了。我才刚刚来了两天，还不记得价格呢！您稍等片刻，我问问大伙计。"说到这里，小伙计冲着柜台里正在算账的大伙计喊道："师哥，这件大衣多少钱啊！"大伙计似乎正在忙着做什么事情，因而头也不回地说："五百块钱。"小伙计似乎没听清楚，又问了一遍，这时候大伙计依然低垂着脑袋喊道："五百块钱。"贵妇人不由得皱起眉头：这件大衣五百块钱显然是贵了，四百块钱还差不多。但是，小伙计却憨憨傻傻地告诉她："三百块钱。"贵妇人不敢相信地又问了一遍，小伙计依然说三百块钱，这时候贵妇人意识到小伙计听错了，因而赶紧掏出三百块钱买下大衣走了。

其实，贵妇人不知道的是，这件大衣的价格就是三百块钱。大伙计之所以告诉小伙计五百块钱，是因为小伙计提前安排好他这么说的。就这样，贵妇人出于赚便宜的心理，毫不犹豫地买下衣服，而且仿佛生怕小伙计反悔一样，赶紧拿着衣服就走开了。殊不知，这恰恰是小伙计的营销策略，此时此刻，他正在为自己得到了老板许诺的奖金而高兴呢。

在销售行业，有句话特别流行，即客户并非需要真便宜，而只是需要占便宜的感觉。在上述事例中，小伙计正是利用贵妇人的这种心理，才成功卖出了皮衣。现代社会的营销策略显然更多，也更先进。因而，很多商家都以9.9等类似的价格，把握客户的赚便宜心理，吸引客户。尽管从理智的角度来说，9.9和10相差无几，但是给人的心里感觉却完全不同。对于如此成熟睿智的营销，作为消费者，一定要控制住自己的冲动心理，从而做到理性消费。

战胜内心的恐惧，勇敢面对生活

每个人内心深处都有恐惧，渐渐地，恐惧成为我们生活的一部分，始终伴随着我们的生活。走遍世界的每一个角落，我们都无法摆脱恐惧，因为恐惧是人与生俱来的心理，所以真正的强者并非从不感到恐惧，而是他们能够从容面对内心的恐惧，从而做到勇敢面对生活。

恐惧不仅是一种心理感受，也是一种行为模式，适用于大多数人。现代社会，恐惧已成为大众的流行病，尤其是在重重的压力之下，人们活着更是心惊胆战，提心吊胆。所以，我们不敢失败，不敢停留，只能一刻不停地往前奔去。我们不敢生，也不敢死，更不敢生病，生怕人生一旦被中止，就再也无法成功起航。

毫无疑问，生活中每个人都想成为强者，都想成为生命的主宰，都想驾驭命运。偏偏我们总是难以如愿以偿，因为不是命运太残酷，就是我们的内心太恐惧。在这种情况下，我们要想把握人生，首先必须战胜自我，战胜内心的恐惧，这样才能勇敢地面对生活。当然，恐惧的形式是多种多样的，并不拘泥于某一种形式。

也许从心理学的角度而言，恐惧的存在是完全正常的。但是从现实生活的角度而言，恐惧依然会影响我们的人生与生活。所以，我们必须学会与恐惧和谐相处，唯有如此，我们才能把恐惧变成人生的常态，也才能彻底消除恐惧对人生的负面影响。

很久以前，有个男孩住在美国的一个偏僻乡村里。他虽然看起来身强体壮，非常勇敢，但是他唯独害怕家里圈养的牲畜。这种牲畜不是猫狗，也不是骡马，而是伸长了脖子的大鹅。男孩也不清楚自己为何一见到鹅就浑身瑟瑟发抖，他认为自己只要靠近它们，就会被它们啄。遗憾的是，男孩并非住在大城市里的公子哥，他在没有长大成人之前，只能住在乡村，只能忍受那些随处可见的家禽。所以，他时常被这些家禽吓哭。

有一次，他去叔叔家里做客。正当他玩得高兴时，一只公鹅突然跑出鹅圈，他吓得浑身瑟瑟发抖，呜呜直哭。幸好，他还能奔跑，因而赶紧从叔叔家跑开了。后来，他有很长一段时间不去叔叔家里玩，然而没过多久，他又蠢蠢欲动，再次去了叔叔家里做客。这次，叔叔答应他提前就把大鹅关好，保证大鹅不会跑出来。叔叔虽然当时答应了他的请求，但是心里却暗暗打定主意要帮助男孩战胜内心的恐惧。就这样，他刚刚去玩了没多久，一只鹅就从鹅圈里跑到院子中，正是上次把他吓哭吓跑的那只大鹅。他马上想像上次一样逃跑，却发现叔叔非但没有驱赶大鹅，反而站在门口拦住了他的去路。叔叔一本正经地告诉他：“孩子，我知道你很害怕大鹅，但是你不可能逃避它一辈子。叔叔相信，只要你勇敢面对，就一定能够战胜内心的恐惧，就一定能够彻底打败这只大鹅。”说完，叔叔还拿起一根木棍给他。他无路可逃，看了看叔叔，又满怀恐惧地看了看那只大鹅，然后还看了看手中紧紧握着的木棍。男孩知道自己没有退路，也隐隐约约感到叔叔所说的话很有道理，因而他下定决心，一咬牙，拿起木棍朝着大鹅走去。他要与大鹅决斗，他的脸上带着被逼出来的视死如归的表情。在靠近大鹅的时候，为了给自己壮胆，他大吼一声，朝着大鹅跑去。没想到，大鹅反而掉头逃跑了。为此，他沾沾自喜，原本紧张得颤抖的心，渐渐鼓起勇气。最终，他赶上大鹅，用木棍狠狠地敲打了大鹅一下。大鹅落荒而逃，他如释重负地笑了："原来，大鹅并有那么可怕。"从此之后，大鹅看到他就躲得远远的，他也彻底征服了自己内心的恐惧，变得更加勇敢。

如果不是叔叔逼着男孩面对大鹅，也许男孩这一生之中看到大鹅都会心怀恐惧。不仅对于一个农村的孩子而言害怕大鹅是很糟糕的，就算对于城市的孩子而言，害怕大鹅这种最普通的家禽也会给自己带来难堪。

现实生活中，很多人都心怀恐惧，当然，他们恐惧的东西也都是不一样的。不管怎样，我们要想拥有勇敢无畏的人生，就要勇敢地面对自己的内心，超越我们心底的囚牢，这样才能最大限度地发挥我们的潜力，拥有最完满的人生。

第 04 章

对自己狠一点，所有想要的都自己努力争取

这个世界上，既没有天上掉馅饼的好事，也没有一蹴而就的成功。任何时候，要想获得成功，我们就必须不断地奋斗和努力，才能体现我们生命的价值。假如人生没有奋斗，就会变得如同随波逐流的水，不知所踪。所以年轻的朋友们，你们想要的一切并非奢侈，只要你们以此为目标督促自己不断努力，你们早晚会争取到自己想要的人生。

努力，才能改变命运

世界上的确有这么一种人，他们是含着金汤匙出生的，他们一出生就比别人拥有更多的财富，也因为父辈的权利而得到荫蔽，所以他们总是得到赞赏，从来没有人敢于当面否定他们。因此，他们想要什么都能如愿以偿，可以说他们是这个世界上最幸福的人。他们感受着无所不能的权利和金钱，不但住着豪华的大别墅，也开着动辄几百万上千万的跑车，他们家庭生活幸福，人生一帆风顺，他们举手投足都备受瞩目，他们几乎无所不能。但是，他们真的改变命运了吗？其实并没有。他们只是投胎投得好，所以生而具有他人为之奋斗一生都求之不得的一切而已。

正是因为他们生而具有这让人羡慕的一切，这一切更是很多人穷尽一生都可望而不可得的，所以世界上才会产生极端，导致人与人的生活相差越来越远。那么，对于贫困人家的孩子而言，如何才能得到这梦寐以求的一切呢？既没有可以倚靠和仰仗的父母为我们提供各种荫蔽，也没有得天独厚的条件让我们不劳而获。那么，我们只剩下唯一的一条路可走，那就是努力。

对于香港的富豪李嘉诚，相信很多人都有所耳闻。其实，大多数人更羡慕的不是李嘉诚，而是李嘉诚的长子李泽楷。的确，作为地地道道的富二代，李泽楷的人生的确如同我们篇首所说的那样，是含着金汤匙出生的。但是，我们在羡慕李泽楷之余，更应该知道的是，李嘉诚可不是富二代。但是，这并不妨碍李嘉诚让自己的儿子成为富二代。由此可见，人虽然无法选择自己的出身，但是却能够主宰自己的命运。

从某种意义上来说，人生也如同一场牌局，拿到好牌的人沾沾自喜，但是拿到坏牌的人也未必就注定了输掉。如果我们手中的牌还勉强说得过去，那么我们必须努力争取赢得牌局；如果我们手中的牌局真的很糟糕，那么我们也必须竭尽全力，精心构思，从而把坏牌打出好的结果。我们必须谨记，人生之中的确有可能抓到一手坏牌，但是这并不决定着人生的结局。任何时候，只要我们牢记努力改变命运的道理，不到最后一刻，谁也不知道谁会是笑到最后的人。

现代社会，各种竞争接踵而至。除了天生就有好运气的人，大多数人都要面对命运的无常和残酷，更要竭尽所能地与命运抗争，从而才能改变命运，收获与众不同的人生。其实，那些从寒门走出来的成功者，不但没有显赫的背景，更没有平顺的命运，相反，他们往往命运多舛。而他们之所以能够获得成功，就是因为他们懂得“越努力，越幸运”的道理。

每个人都奢望得到好运，但是好运气并非凭空降临的。例如牛顿被苹果砸到发现万有引力，也许在牛顿之前有很多人都曾经被苹果，或者梨子，或者柑橘等砸到，但是始终没有成为发现万有引力的人。归根结底，当机遇到来的时候，因为不够努力，他们远远没有做好准备。再如，爱因斯坦发明电灯，在爱因斯坦之前，其实也有人尝试着找到合适的灯丝，发明电灯，但是却以失败而告终。唯有爱因斯坦，在尝试了一千多种材料，进行了数千次实验之后，始终没有放弃希望，而是继续坚持不懈地努力，最终才能找到合适的灯丝材料，发明电灯。不得不说，这既是命运的眷顾，更是爱因斯坦不懈努力的结果。

现代社会，发展迅速，各行各业里都人才辈出。作为现代人，要想在人生中为自己谋求一席之地，我们就必须更加勤奋努力，才能在熙熙攘攘的职场上站稳脚跟。举例而言，有很多人都知道人生不可重来，但是在事情没有临头时，他们总是怀着侥幸心理，贪图享乐，不思进取。殊不知，一个人不管多么才思敏捷，也必须把工夫下足，才能等到好运降临。

众所周知，和得到好运气相比，让自己一直保持好运气更是难上加难。

如果是随机降临的好运，只能维持很短的时间，我们需要做的是通过自身的努力，让我们的好运气更加持久。这样，我们才算真正参透人生，也拥有把握人生的能力。归根结底，没有人会永远好运相随。作为明智的人，我们必须时刻注意做好准备，才能维持自己的好运气。此外，我们在努力的过程中还要不断创新，这样才能让好运气常存，也对我们的生活与工作持续发挥作用。

人生看似短暂，实际上过程也是漫长的。当青春年少的我们坚持努力过，青春岁月之后，我们的人生必然能够得到沉淀，变得丰盈厚重。反之，假如我们面对人生的态度始终是推脱、延迟，那么我们的人生也就会被命运玩弄于股掌之间。朋友们，我们一定要记住，唯有努力，才是我们一生的护身符，才能保证我们一生的幸福如愿。做一个努力的人吧，相信命运一定会厚待你的！

唯有练就扎实的基本功，才能腾飞

古今中外，大多数成功人士无一不有着远大的志向。他们为了实现自己的理想和人生目标，不遗余力地努力，哪怕遭遇艰难坎坷，也依然脚踏实地，从不轻易放弃。也许后人都会仰慕他们的成功，但是却不知道他们在成功之前付出了很多。也许正是点点滴滴的付出，所以他们才能不断地积累，脚踏实地，勤学苦练，最终掌握成功的绝学。

正如人们常说的，书山有路勤为径，学海无涯苦作舟。任何人要想获得成功，都不可能一蹴而就。我们唯有更好地面对人生，脚踏实地，努力奋进，才能最大限度地发挥自身的主观能动性，从而更好地实现自己的梦想，完成自己的心愿。

毋庸置疑，每个人都渴望成功，而且迫不及待地想要获得成功。殊不知，成功绝非朝夕之功，任何时候，我们都必须更加努力，才能滴水穿石。遗憾的是，现实生活中总有人好高骛远，心比天高。但是，归根结底，每个人都必须非常努力，才能成功改变人生，也才能获得真正的成功。人生，无论如何，都离不开脚踏实地、勤学苦练的精神。

在《劝学》中，荀子曾说："不积跬步，无以至千里；不积小流，无以成江海"。的确，江河湖海虽然辽阔无边，但是并非自古有之，而是随着细小溪流的汇入，才能渐渐积聚起来，成江成海。唯物主义辩证哲学也告诉我们，唯有量变积累到一定程度，才能引起质的飞越。人生也是如此，要想获得成功，要想让命运转折，我们就必须不断努力，积累点滴付出，从而彻底扭转命运，成就完满的人生。

现实生活是残酷的，有的时候，我们即便付出了，也未必有回报。但是我们必须认清楚一个道理，不管在什么情况下，脚踏实地都是必须的，都是人生中难能可贵的品质。每个人的人生都是与众不同的，有的人天资聪颖，不管做什么事情都能够水到渠成，哪怕遭遇坎坷挫折，也是可以战胜的。有的人呢，天生愚钝，哪怕是有人点破，也依然执迷不悟。如此一来，他们必然因为失望感受到命运的残酷，从而变得沮丧绝望。还有的人心比天高，命比纸薄，虽然一心一意想要赢得人生的馈赠，但是命运却总是与他们开玩笑，让他们啼笑皆非。其实，这都没有关系。任何人要想得到命运的善待，首先都应该练就脚踏实地的本领，这样才能静下心来，点滴积累，片刻也不松懈。人生是漫长的，一蹴而就的成功可遇而不可求。作为平凡的人，我们必须立足当下，把握好生命中的每一分每一秒，才能不断超越自我，获得成功。

大学毕业后，丝丝与小梦一起进入同一家公司工作。作为职场新人，她们自然走得很近，也愿意在工作中相互扶持，作为共同成长的伙伴。转眼之间，她们进入公司三个月了，顺利度过试用期。这时，老总分别交给她们两人艰巨的任务，想要考察她们的能力。这个任务的确难度很大，对于职场新人而言的确有些困难，为此，小梦不停地抱怨老总是在故意刁难她们，把她们当成牛马来使唤。但是，丝丝呢，她一声不吭开始繁重的工作就算累得精疲力竭，她也从不抱怨。渐渐地，丝丝起早贪黑，再加上有了难题就虚心求教老同事，最终成功完成了项目。而小梦呢，总是推三阻四，对于老总交代的任务非但没有完成，反而还抱怨老总。可想而知，对于这两个新人，老总更加偏向和器重的当然是丝丝。

现代职场上，人才辈出，竞争非常激烈。有才华、有特长的人很多，因而作为企业在招聘的时候，的确想要寻求有才之士，但是更愿意找到那些具有实干精神的员工，使他们成为企业的支柱。偏偏很多人对待工作非常浮躁，总是夸夸其谈，却从未把工作当成是事业。和这种人相比，企业更欢迎那些脚踏实地的干将，也愿意把企业的命运与他们紧密相连。因而，很多企业招聘时的首要要求，就是让新人一定要脚踏实地，勤奋刻苦。

朋友们，不要羡慕他人的成功，只要我们脚踏实地，坚持点点滴滴地付出，终有一天，我们也会拥有与众不同的人生，成就独属于自己的辉煌。所谓磨刀不误砍柴工，要想腾飞，我们就要不断积累，坚持提升和完善自我。

一无所有，也许恰恰是争取所有的好契机

每个人在来到人世时，都是一无所有的。如同一张白纸，除了洪亮的哭声，我们没有任何东西可以赠送给辛苦生育我们的母亲和这个全然新鲜的世界。然而，正是因为空白，我们才能赋予生命更多新鲜的内容和色彩。对此，有些人看着那些一出生就拥有一切的富二代、官二代，未免觉得自己很苍白和贫困。殊不知，有的时候一无所有不是贫穷，而是一种富足。正如人们常说的，光脚的不怕穿鞋的。一个人一旦一无所有，也就会变得无所顾忌，做任何事情的时候反而少了些许牵绊，多了一些果决。

朋友们，不要再因为自己拥有得少而抱怨。所谓凡事有利也有弊，也许很多官二代、富二代，反而想要拥有属于自己的生活，却因为家族的原因，不得不委曲求全呢。所以，我们也要看到自己拥有不多或者一无所有的好处。这样才能发挥自身优势，最大限度发展自身，从而拥有自己与众不同的人生。

之所以说一无所有也是一种财富，还因为一个人如果一无所有，就会被生活逼入绝境，导致不得不寻求改变。一无所有的人总是满怀激情，因为生活所迫，他们无牵无挂，只能选择背水一战。前文我们说过，人有的时候是需要斩断退路的，而且还需要根据自身的实际情况，给自己更多的活路。当被生活逼入绝境，无路可走时，我们会发现不管往哪个方向走，对于我们都是前进，都是进步。因而在这种情况下，最可怕的就是按兵不动。不得不说，朋友们，当你们觉得自己一无所有，那你们就该意识到，这是命运对于你们的独特赐予，能够帮助你们更好地拼搏人生，争取自己的好运。

很久以前，一位高僧收了三个徒弟，他们一起在深山中的寺庙里生活、修行。眼看着这三位徒弟已经跟随自己好几年了，有一天，高僧特意安排三位徒弟去山顶砍柴。而且，他还拿出一把雨伞给大徒弟带上，拿出一根拐杖给二徒弟带上，唯独没有拿出任何东西给小徒弟。对此，小徒弟忍不住抱怨："为什么大师哥有雨伞防备下雨，二师哥有拐杖帮助行走坎坷崎岖的山路，但是年纪最小的我却一无所有呢？"高僧对于小徒弟的抱怨，听若未闻，只是不以为意地笑了笑，就嘱咐徒弟们抓紧时间登顶，这样才能赶在天黑之前回来。

一天的时间过得很快，傍晚时分，三位徒弟全都背着一大捆柴火回来了。大徒弟全身淋得湿漉漉的，二徒弟跌得鼻青脸肿，唯独小徒弟安然无恙，既没有被雨淋湿，也没有摔到。他们三个你看看我，我看看你，都感到惊讶万分，因而各自讲述了上山砍柴的经历。原来，大徒弟仗着自己有伞，所以在山上砍柴的时候，他看到下雨根本没有躲避，而是撑起伞继续在雨中行走。后来，雨越下越大，他却找不到避雨的地方，因而浑身被雨淋得湿漉漉的。不过，他没有拐杖，因此走路很小心，所以没有摔跤。相反，有拐杖的二徒弟知道自己没有伞，所以即时避雨，没被淋湿。但是他因为仗着自己有拐杖，因而过山路的时候总是摔倒，摔得鼻青脸肿。这时，一无所有的小徒弟告诉师傅："我既没有雨伞，也没有拐杖，所以我尽量避雨，而且下山的时候小心翼翼，因此既没有被雨淋湿，也没有摔倒。"

虽然小徒弟什么都没有，但却平安无虞。反而是大徒弟和二徒弟，因为仰仗着自身的优势，降低了警惕性，因而一个被淋得湿漉漉的，一个摔得鼻青脸肿，这都是因为他们放松警惕的缘故。

大多数时，我们之所以失败，并非是因为我们的短板，而是我们自以为有长处，最终导致我们放松警惕，所以头脑不够清醒和理智。既然优势会让人忘乎所以，劣势才能让人保持奋进，那么我们自然应该更加珍惜自己一无所有的现状，让自己更加积极主动地战胜困难。

朋友们，从现在开始不要再抱怨自己一无所有了。将其当成是人生的契机与优势，这样我们才有勇气在人生路上一往无前，改变命运。

努力到无能为力，拼搏到感动自己

现代社会，生活节奏越来越快，工作压力越来越大，很多人行走在大街上，跟随着熙熙攘攘的人流，未免觉得无助。有的时候，越是热闹的地方，人们越是觉得孤单和寂寞，越是在人群之中，人们越是感到无能为力。唯有保持更好的心态，我们才能让自己的生命随着生活的节奏律动，也不至于因为放弃，导致生命一蹶不振。

很多人行走在车水马龙的大街上，都会戴着耳机，听着那些富有节奏和韵律的音乐。随着音乐的节奏，他们的步伐也随之改变，似乎他们的每一步都走在音乐的节拍上，他们的内心为之震撼，也充满了能量。这种感觉，会直接传入人的神经末梢，让兴奋和愉悦在人的血液中不停地沸腾、喧嚣。正如曾经有人说的，只要你坚持努力，你一定能够得到回报。而且，在你努力的过程中，命运也会接收到你努力的电波，从而让好运来光顾和眷顾你。的确如此，我们知道音乐能够带动我们生命的律动，殊不知，行动也能带动我们生命的律动，让我们的人生因为努力，变得截然不同。

所谓新官上任三把火，小罗在走马上任成为销售部主管之后，也当即展开行动，为公司接二连三承接了好几个大项目。在处理其中一个重要项目时，小罗与客户接触后发现客户对于他们的团队怀有偏见。小罗不知道原因出在哪里，经过一番认真仔细地了解和调查，他才发现他们公司的一个销售团队曾经接洽过这个项目，而且给客户留下了恶劣的印象。这可如何是好呢？难道向客户辩解，证实自己的团队和他人的团队截然不同？小罗很清楚，一旦拿捏不好力度，就会导致客户把他们的辩解看成是诡辩，因而对他们印象更差。为此，小罗经过慎重思考，决定什么也不说，而是以实际行动打消顾客心中的顾虑和担忧。

每次与客户接洽，小罗都会亲自参与，耐心地为客户讲解他们的方案，并且对于客户提出的一切要求，都尽量满足。随着时间的流逝，客户渐渐意识到小罗的团队非常努力，而且尽职尽责，因而对小罗的印象越来越好。有一次，因为方案某个地方不足，客户还特意委托小罗全权处理，小罗不由得松了口气：终于得到了客户的信任，可谓功夫不负有心人啊！

后来，小罗的团队和客户合作得非常愉快，客户更是为小罗又介绍了好几笔大生意呢！

小罗之所以能够扭转客户心目中对于销售团队的质疑，就是因为他非常努力。面对客户的误解，他始终没有放弃自身的努力，而是坚持不懈地付出，最终成功打动了客户的心。人生在世，我们不可能在任何情况下都一帆风顺。尤其是在现代职场上，人与人之间的相处总是充满了质疑和怀疑，与其狡辩，不如脚踏实地地努力，这样也许反而能够让事情出现转机。所以朋友们，我们必须更加努力地面对未来和人生，也更加积极主动地挑战人生的困境。记住，只要功夫深，铁杵磨成针。让我们心怀希望，决不放弃，坚持付出，我们终有一天能够成全人生。

所谓态度改变世界，意思就是在提醒我们要努力认真地对待人生，从而把自身的正能量都传递给人生，也才能让自己怀着信心，把努力的电波发射到整个宇宙之中。当我们身边的一切感受到这种电波，我们的人生自然更加顺遂，我们的付出也会得到好运的馈赠。

与其赌气，不如竭尽所能地争气

常言道，人活一张脸，树活一张皮。现实生活中，爱脸面的人不在少数，其实，人之所以爱惜自己的颜面，就是因为人需要为自己争气，也要顾全自己的自尊心。毋庸置疑，每个人都是有尊严的。为了维护自身的尊严，我们努力拼搏，争取与他人平起平坐。所以人们也常说，人必须争气。所谓争气，指的就是要有气概和气势，指的就是人要活出自己的精气神，有自己的精神面貌。人生在世，不如意之事十有八九。面对人生的不如意，我们与其赌气，不如竭尽所能地争气。毕竟赌气放弃时，一切都宣告结束，唯有竭尽所能地争气，我们才能扭转局势，改变命运，从而为自己赢得更加美好的未来。

近年来，郭德纲的德云社非常热，备受关注。尤其是郭德纲的得意弟子小岳岳，更是深得观众们的喜爱。然而，当大家欣赏着小岳岳风趣幽默的表演时，却不知道小岳岳在正式成为一名相声演员之前，没少遭受命运的折磨。

小岳岳的家在河南濮阳。他的父母养育了七个孩子，所以他们家境贫苦，他在十三岁之前更是从未穿过属于自己的新衣服。他只上了一年初中就辍学了，和大姐一起去北京打工。小岳岳很有志气，在去往北京的火车上，就立志终有一日要让父母过上好日子。然而，他年龄不够，经常被用人单位以“不能雇用童工”为由拒绝。后来，他好不容易才成为电厂的保安，总算每个月都有了几百块钱的收入。然而，小岳岳虽然年纪小，心思却不简单，他认为自己不可能一辈子当保安，因此又改行去饭店当服务员，做些零碎活儿。但是，半年多之后，他再次被辞退，因为老板的弟弟来了。幸好，在人生中最艰难的时候，热心的朋友始终陪在他身边。后来，他相继干过保洁、电焊工、面馆的服务员等。正是在面馆当服务员时，声音洪亮的小岳岳进入了郭德纲的视野。当听说自己可以跟随相声老师学习时，小岳岳怦然心动。然而，郭德纲对他的考察还没有结束，直到三个月后，郭德纲才收下一心一意想学相声的小岳岳。

为了专心学好相声，小岳岳辞掉服务员的工作，来到了德云社。郭德纲提供住宿，每个月还会给小岳岳五十元钱零花钱。但是想到自己从此失去在面馆当服务员的一千多块钱月收入时，小岳岳又有些犹豫了。思来想去，他才想清楚一个道理：如果学好相声，也许假以时日能够成为艺术家，但是当服务员，谁又见过白发苍苍的服务员呢！想到这一点，小岳岳决定要学好相声。跟随郭德纲进行了几年的学习后，小岳岳才终于成功地站上舞台，成为郭德纲最为得意的弟子之一。2015年2月，而立之年的小岳岳还登上央视春晚，从此之后走入了全国电视观众的视野中。

对于困窘的家庭经济状况，小岳岳非常懂事，始终想要凭借自己的努力，让父母过上幸福的生活。他做过很多又苦又累的活儿，即便遭遇辞退，也从未与自己的人生赌气，而是不断地思考自己的出路，竭尽所能地改变自己命运的现状。所谓功夫不负有心人，如今的小岳岳已经成为名人，也作为郭德纲的得意门生，为世人所熟知。

朋友们，有谁的成功是从天而降的呢？每个人的人生，既有人前的光鲜亮丽，也会有人后的坎坷与挫折，每个人在人生路上难免遭遇失败的打击和命运的磨难。我们唯有鼓起勇气，在多舛的命运前站起来，继续努力向前冲，才能成功战胜人生的困境，实现自己与众不同的精彩人生。所以说，与其赌气，不如争气，从现在起，就让我们努力为自己争口气吧！

开始永远不晚，任何时候都不要放弃

现实生活中，很多人都在抱怨人生苦短，一些事情来不及做，人生就已经进入暮年。实际上，人生不管什么时候开始，都不算晚。古人云，与其临渊羡鱼，不如退而结网。所以朋友们，假如你们现在正在羡慕他人的诸多成就，不如马上展开行动，也奔向自己一直以来的梦想和理想。要知道，假如你们始终在哀叹，那么你们的人生永远不会开始。相反，假如你们哪怕已经八十岁了，却勇敢地去做，那么你们总归是有了开始，也行走在路上。无论最终结果如何，人生都不会有遗憾。

从某种意义上来说，那些抱怨自己的人生太晚了，一切都来不及开始的人，已经放弃了人生。难道人生可以放弃吗？其实，在人生没有真正结束之前，我们是不应该放弃人生的。任何时候，我们的人生只要开始行动，就为时不晚。

1860年，摩西奶奶出生于美国纽约的农村，长大之后，她主要从事刺绣工作，间或干一些家务活、农活。76岁那年，摩西奶奶因为患了严重的关节炎，导致无法继续从事刺绣工作，因而她放下绣花针，拿起画笔，开始学习绘画。实际上，摩西奶奶是个地地道道的农妇，根本没有得到任何艺术家的点拨。但是她却觉得自己必须做些什么，因而以76岁的高龄，拿起画笔，泼墨挥毫。不得不说，她是地地道道的民间艺术家，完全“自学成才”。

使人万分惊讶的是，摩西奶奶自从拿起画笔，就爆发出惊人的创造力，她在后半生完成了1600多幅绘画作品，在全世界进行了十几次巡回画展。半个多世纪以来，无数年轻人看到摩西奶奶的画，都受到精神上的洗涤。他们尽管属于不同的国籍，接受不同的教育，但是无一例外都觉得摩西奶奶的画是与众不同的世界风景。

试想，大多数普通人在76岁高龄时，都会以养老作为主要的任务和目的。但是摩西奶奶才刚刚放下绣花针，就拿起了画笔，反而让自己的人生璀璨绽放。后来，摩西奶奶为了影响更多的人，还拿起了笔开始写作，她的作品《人生永远没有太晚的开始》给予很多年轻人以心灵的震撼。的确，只要我们不放弃，人生不管何时开始，都不会晚。

古今中外，有很多名人都是大器晚成的。他们虽然资质平庸，也没有独特的天赋，但是他们对于人生有着永不言败的心，而且有着坚韧不拔的顽强毅力。不管什么时候，我们都不要抱怨人生苦短，而要扪心自问：我们真的已经开始自己的人生了吗？在电影《阿甘正传》中，妈妈曾经告诉阿甘：“孩子，你一定有自己擅长的兴趣，那也是你的天赋。任何时候，都不要辜负上帝对你的特别恩赐，你要发挥自己的所长，成就自己的人生。”的确，每个人都有自己的兴趣，那么，你是搁置了自己的兴趣，还是始终牢记自己的兴趣所在呢？

现代的职场上，有很多人因为现实的残酷，所以始终无法从事自己感兴趣的职业，而是被现实所逼，不得不选择更容易挣钱的工作。殊不知，假如我们能够做到干一行爱一行尚且还好，但是假如我们很难爱上自己的工作，只是当一天和尚撞一天钟，那么我们的人生必然因此遭受局限，无法发挥所长，成就大业。因而朋友们，哪怕有一点点希望，我们都要忠于自己的内心，开始自己的人生。归根结底，我们只有在自己的兴趣上，才能实现人生的辉煌和璀璨。

此外，正如摩西奶奶所说的，人生永远没有太晚的开始。不管我们已经荒废了多少青春的宝贵时光，只要一想到摩西奶奶以76岁高龄拿起画笔，实现人生的梦想，我们还有什么理由拒绝成长呢！朋友们，从现在开始反省自己的内心，勇敢开始吧。只要我们开始做，人生就永远为时不晚。

第 05 章

你若没有狠下心的勇气，一切都是白费力气

人生，最缺乏的就是勇气。我们经受人生的磨难，面对人生的抉择，甚至只是应对人生中最常见的意外，都需要具有勇气，才能避免自己踌躇不前。假如我们失去狠心的勇气，那么我们所做的一切，很有可能随着生命的流逝，变成白费力气。所以朋友们，让我们鼓起勇气，在人生的海洋上扬帆起航吧。

战胜恐惧，才能迎接生命的挑战

每个人的内心深处都有恐惧在作祟，这份恐惧或者来自于我们对于未知的无法把握，或者来自于生命的挑战给我们造成的障碍。更多的时候，我们在面对抉择时更加恐惧。这是因为，我们不知道选择之后会面对怎样的结果。尤其是对于那些特别重要的事情，我们更是感到莫名其妙地恐慌。在这种情况下，我们最希望岁月静好，也希望一切都能在自己的把握之中。

现实生活中的绝大多数人都害怕创新和改革，更不敢肆意冒险。实际上，古今中外，有几个青史留名的名人，面对恐惧时选择了退缩呢！毋庸置疑，他们也是人，而不是神，因此他们在面对各种危机时也会产生恐惧。他们之所以成功，是因为他们在面对内心的恐惧时没有选择退缩，而是选择了面对。没错，对于每个人而言，最可怕的恐惧并非来自于外界，而是来自于自己的内心。很多时候，内心的恐惧就如同囚牢，使我们被牢牢禁锢，无法摆脱。

对于那些不断遭受失败的人，所谓的明智者也许会感到可笑，对其愚蠢的行为不以为然。实际上，不断地尝试并非是一种愚蠢，而只是傻傻的坚持。每个人之所以坚持，一定是相信自己终有一日能够获得成功，所以他们才张开怀抱迎接生命的挑战，从不妥协。可以说，他们是战胜了内心恐惧的人，他们是坦然面对生活重重困难和磨难的人，他们才是人生中真正的强者。对于任何人而言，除了内心的恐惧，没有东西能够击垮他们。所以，我们也必须战胜内心的恐惧，才能拥抱人生，才能收获人生。

2001年，纽约的股市发生很大的波动，当时，威尔逊在WWD资产管理公司当操盘手。要知道，这家公司是以“整个美国最激进投资策略”而闻名于世的。对于当时的恶劣情况，威尔逊一觉醒来，简直觉得到了世界末日。在此之前，他苦心经营得到的那点儿自信，全都消失了。他不知道如何向客户解释股票的一夜暴跌，也不知道如何帮助客户保持心情的平静，更不知道自己如何还能鼓起勇气面对未来。

在当时的威尔逊心里，这是一场不折不扣的股灾，他曾经游刃有余的投资市场，让他感到心惊胆战。毫无疑问，大多数人都实现自身资产的升值，但是大多数人都只看到了盈利，而没有看到损失。所以，对于这些大部分都没有准备好的投资者，威尔逊感到无计可施。想当初，曾经有个投资人面对华尔街的金融风暴，心中产生了严重的阴影。尽管他理智上知道这个机会适合抄底，而且巴菲特的确就在大量买入，但是他却因为恐惧止步不前。他的名字叫艾伯。后来，艾伯因为合作伙伴的离开以及随之而至的诸多困难，选择了自杀，他实际上死于自己内心的恐惧。

试想，金融市场和战场很像，对于一个恐惧战斗的士兵而言，如何能够在战场上战胜敌人，获得胜利呢？那么对于在金融市场奋斗的战士而言，如何能够在恐惧的情况下游走于规则之间，获得胜利呢？现实生活就是如此残酷，我们几乎每时每刻都在面对生存的挑战，所以我们必须战胜内心的恐惧，才能更加从容地面对生活的一切。

尤其是当我们已经习惯了恐惧时，我们就会更加害怕失败，因为那是我们的生命无法承受的。当恐惧心理占据上风，我们的内心就会如同决堤，导致恐惧如同滔天巨浪一样席卷而来，这样的后果无疑是可怕的。

任何时候，都不要告诉自己“我不行”“我不可能获得成功”，更不要以内心的失败打倒自己。我们必须在内心深处树立起勇敢的旗帜，从而帮助我们迎接命运的挑战，得到人生最佳的结局。

去无人敢去的地方寻找钻石

在这个世界上，没有脚到不了的路，却有心到不了的路。在心的指引下，我们的脚步会走遍世界的每一个角落，但是如果我们的心感到畏缩和怯懦，我们的脚步就会犹豫不决，止步不前，从而导致我们的人生受困于我们的心，再也无法寻找到广阔的人生天地。

一个人可以很平凡，但是绝不能平庸，更不能在人生道路上畏畏缩缩。所谓胆识，从本质上来说是一种很重要的心理表现，而且也有一种关键的心理资源。有胆识的人，在面临抉择时，总是能够敢想敢干，充满英雄气概，因而使得人生波澜壮阔，气势恢宏。但是对于人生而言，机会很少，唯有抓住千载难逢的好机会，才能得到人生最美好的馈赠。

常言道，只有去别人不敢去的地方，我们才能找到最美好的钻石。现代很多人都在搞投资，要想得到搞回报，必须承受高风险。这句话的意思告诉我们，唯有敢于冒险，才能让人生别有洞天，赢得人生的丰厚回报和馈赠。

在世界历史上，犹太人尤其聪明，充满智慧。他们眼光独到，因此在全世界都有着很好的口碑。他们胆识过人，对于很多危机都能发现生机，从而凭借着积极乐观的精神在逆境中锐意进取，出乎意料地夺得成功。他们之所以能够成为举世闻名的商人，就是因为他们极富冒险精神。

二十岁那年，摩根毕业于德国哥廷根大学。没过多久，他就去了邓肯商行学习。邓肯商行位于纽约华尔街，地处繁华。

有一天，老板让摩根去古巴的哈瓦，为公司采购很多物资。摩根乘船出海，来到了新奥尔良港口。当他登岸之后，一位咖啡船的船长邀请摩根去酒馆喝酒，他想和摩根做一笔生意。原来，船长刚刚从巴西运了一船咖啡过来，但是因为买家临时爽约，所以这船咖啡只能由他自己处理。船长很无奈，因为只要这船咖啡卖不出去，他就无法继续接下来的航行。所以思来想去，他决定半价出售这船咖啡。摩根当然知道巴西的咖啡品质上乘，因此当即表示心动。身边的朋友们全都劝说摩根一定要谨慎再谨慎，因为他们认为也许船长故意拿了好的咖啡来给摩根看，而整船的咖啡却是品质较低等级的。毕竟，在这个港口上，曾经有很多人都被船员欺骗过。

摩根经过认真地思考，决定抓住这个千载难逢的好机会，冒险买下这一整船的咖啡。没想到，摩根买下咖啡没多久，巴西咖啡就因为天灾导致产量锐减，因而咖啡的价格越来越高，摩根居然赚了个盆满钵满，得到了人生的第一桶金。后来，摩根在一生之中数次冒险，正因为他的这种精神，他才能得到丰厚的回报。

现代社会，很多年轻人都谨小甚微。尤其是独生子女这一代，大多数人都因为从小娇生惯养，根本没有独立自主的好习惯。他们从小习惯了衣来伸手，饭来张口，因而不愿意多操心，更不想为了生活劳累奔波。由此一来，他们的人生也是按部就班的，他们从不积极主动，更不争取开拓创新。但就是这种按部就班和安于现状，使得他们的生活一成不变，也导致他们的人生碌碌无为。

生活中，也许有些人的天赋和能力相差无几，但是最终他们的人生却迥然不同。这都是因为人们的胆识不同导致的。尤其是现代职场上人才辈出，我们唯有更加积极主动地面对人生，抉择人生，才能得到命运的青睐和馈赠，从而使我们的人生与众不同，璀璨夺目。当然，我们也要区分胆识与莽撞的区别。要知道，胆识不是鲁莽的冒险，更不是莽夫的行为，而是一个有着独到眼光的人，在面临抉择时，能够表现出与众不同的魄力，从而审时度势，勇敢地展开行动。

勇敢迈出第一步，才能靠近成功

现代社会，贫富差距越来越大，有的人爬上人生巅峰，尽情享受人生的美好，还有些人则处于人生低谷，不管多么努力，都无法改变命运，这到底是为什么呢？其实，人与人天生的区别并不大，可以说每个人的天赋和能力都是相差无几的。人与人之所以最终相差悬殊，就是因为他们之中有些人能够抓住机遇，有些人则因为迟钝或者犹豫，导致与机遇失之交臂。

正如我们前文所说的，一切收益都伴随着巨大的风险，可以说，如果没有高风险，也就没有高收益。正是因此，大多数人在进行人生抉择时，总是患得患失，前怕狼后怕虎，既想要赚取利润，又害怕一着不慎导致连本金都赔进去了。那么，这个世界上有稳赚不赔的生意吗？根本没有。因而我们做人必须有主见，有自己的思想和立场。尤其是在面对千载难逢的好机会时，更要勇敢地迈出第一步，才能获得成功。有些人害怕失败，甚至因此不敢开始。殊不知，拒绝开始，虽然避免了失败，但是也与成功彻底绝缘。正所谓“一刀切”，就是彻底隔绝了成功与失败，使得成功与失败的概率彻底为零。

毋庸置疑，人生的确是很艰难的，尤其是面临的很多选择都事关重大，更是难以进行。在这种情况下，我们必须慎之又慎，但是却不能杞人忧天，裹足不前。尤其是对于想要成功的朋友而言，在机遇面前更应该当机立断，坚决果断。要知道，我们唯有勇敢地迈出第一步，才能获得成功。

曾经，有个年轻人非常具有生意头脑，一旦得到能挣钱的消息，他就会马上不遗余力地去做，毫不犹豫。有段时间，这位年轻人听到一位普通民众说家里的垃圾没有合适的塑料袋盛放，很多买菜的袋子不是小了就是漏了，导致垃圾的污水到处流，弄得肮脏不堪。这位年轻人脑中灵光一闪，马上联系塑料厂，生产了大批的塑料袋，拿到市场上去卖，短短时间内就赚取了好几万块钱。后来，年轻人又以这笔钱开办了一个塑料厂，注册了商标，开始专业生产垃圾袋。随着经营越来越好，年轻人还开始生产商场专用的垃圾袋，以及各种餐饮企业和服务业的垃圾袋。

商机转瞬即逝，假如年轻人在听到普通民众的一句抱怨话之后，没有脑中灵光一闪，那么也就不会有后来的发展和塑料厂的建立。很多时候，机遇就是以这种伪装的面目出现，当意识到市场的存在，我们就必须抓住时机，马上进行规划和发展。

机会就如同珍珠，尤其是那些千载难逢的好机会，更是难得的机遇。但是珍珠生长在深海中，机会也蒙上了一层尘土，除非具备慧眼，否则普通人漫不经心地，根本无法识破机会的真面目。因而，人们常说机会总是留给有准备的人，也是在提醒我们必须擦亮眼睛，随时随地准备发现生活中的机会，并且要抓住机会有一番作为，这样才能改变生活，改变命运，让我们的人生更加充实。

记住，朋友们，没有任何理由可以让我们保持现状，拒绝改变。平稳的人生的确风平浪静、岁月静好，使人羡慕，但是起伏的人生也同样能把我们带到波峰，领略大海雄伟壮丽的风光。对于任何人而言，如果停止把握机会，也就意味着人生开始死气沉沉。尤其是现代的商业，各家企业如同雨后春笋般出现，很多企业都必须坚持不断地创新，才能继续为企业维持生命，创造价值。在如此飞速的发展之下，企业一旦失去创新力，无异于失去生命力，离关门大吉也就不远了。

当然，人的本能就是惧怕改变，这原本无可厚非。人性有很多弱点，我们必须战胜这些弱点，才能更加积极主动地迎接和拥抱人生，挑战和超越人生，彻底地改变人生。

一点点的勇气，就能改变我们的命运

说起勇气，很多人都陷入一个误区，误以为自己必须豪气干云、赴汤蹈火，才能算得上真正的勇士和英雄。实际上，那都是特殊时期的壮举，对于现在的和平年代，勇气，就是指我们虽然可以害怕和恐惧，但是却能突破内心的囚牢，依然执著前行。现代这个世界，我们只要真诚地付出了，就会赢得更多的机遇。否则，如果我们坐井观天，闭门造车，机会是不会主动来敲我们的门的。因此，我们不需要极大的勇气，只需要小小的勇气，就能推动我们在人生之路上继续前行，从而进入别有洞天的人生新天地。

现实生活中，让人心生恐惧的东西真的太多了。我们害怕自己处理不好人际关系，导致招人怨恨；我们害怕自己选择的事业没有前景，最终竹篮打水一场空；我们害怕人生命运多舛，任何时候都无法顺心如意；我们害怕人生苦短，来不及做很多事情……人生，的确有着太多的未知和危机，但是这一切都不能成为我们害怕和担忧的理由。我们如果丧失勇气，就会失去对命运的掌控和把握，就会导致我们的命运沉沦下去，没有任何扭转的机会。所以朋友们，不管人生的路上即将面对什么，都让我们鼓起勇气勇敢前行吧。假如我们与生俱来就很幸运地充满勇气，那么我们的人生必然充满激情和张力；如果我们生而胆小怯懦，那么就让我们的人生保持淡定平和，就让我们在人生的磨砺中得到勇气吧。

作为某保险公司的董事长，刘伟同时还经营着另外一家公司。他从小家庭贫困，完全是因为自己努力奋斗，才得到了今天的成就。早在还是孩子时，刘伟就极具商业头脑。其实，与其说他具备商业头脑，不如说生活逼迫得他不得不“穷人的孩子早当家”。他先是卖报纸，后来又从事过很多卑微的工作，没少遭人白眼和拒绝。直到十八岁那年，刘伟走入一座高楼，从此之后成为一名推销员，正式开始保险推销生涯。无数次陌生拜访中，青涩的刘伟都表现出与自己的年轻不相符的成熟与老练，面对一次次拒绝和白眼，他都觉得是家常便饭，根本不以为意。因此，他成为整个保险公司中，心理承受能力最强的推销员。与此同时，他也是全公司最勤奋的推销员。进入公司没多久，他就凭着“跑断腿、磨破嘴”的精神，推销出去好几份意外保险。尽管金额不多，但是业绩可喜。

后来，刘伟在保险的路上越走越远，最终成立了属于自己的保险销售点，每个月业绩都在公司名列前茅。凭借微小的勇气，刘伟成就了自己不俗的人生。但是如果连这点勇气都没有的话，可想而知，刘伟的人生将会在穷困潦倒的背景下沉沦。

朋友们，不要觉得勇气都是要感天动地的。只要我们有心，能够抓住生活中的契机，哪怕是小小的勇气，都能改变我们的人生轨迹，让我们的人生变得更加精彩。其实，成功和失败之间只隔着一扇门。这扇门有的时候是完全关闭的，需要我们想方设法才能打开，有的时候却是虚掩着的，轻轻一推就能打开。但是前提是，我们必须走到这扇门前，才有机会探索这扇门的虚实。所以朋友们，我们距离成功之间，只隔着小小的勇气。从现在开始，就让我们鼓起小小的勇气，勇敢地推开我们与成功之间的那扇门吧。无论结果如何，我们都要坦然面对，哪怕打开门之后面对失败，我们也无怨无悔。毕竟，没有切实地迈开这一步，我们距离成功永远非常遥远。

有胆有识，才能决战人生

人生是一场没有硝烟的战争，优秀的人要想出人头地，除了需要气魄与胆识之外，还需要不断地开拓进取，敢为人先，敢于做他人不敢做的事情。不得不说，和勇气相比，胆识除了要勇敢之外，还要有犀利的认识，有大智大勇的智慧，才能帮助我们挽回人生的困顿局面，从容展开人生的画卷。

无疑，每个人都想在人生的战场上成为赢家。尤其是现代社会，人们的欲望越来越强，理想越来越高远，更多的人想要决战人生。遗憾的是，大多数人在与人生过招的时候，都被人生兵不血刃地消灭了。所以，我们要想赢得人生的好结果，就必须对于人生有更加深刻的认识，而且要对人生做出与众不同的决断。

王永庆最初只是一个开米店的，而且就连这个小小的米店开业之初，也遭遇到难以想象的困难。所谓“酒香也怕巷子深”，王永庆的米店就曾经遭遇过这样的尴尬。但是，后来王永庆不但把米店开得很成功，而且还建立了台塑集团。由此一来，更大的困难和挑战正在等待着他。台塑集团生产的塑胶粉，全部挤压成为库存，一斤也没有成功销售出去。面对这样的窘境，王永庆展开了认真详尽的调查，最终验证塑胶粉之所以滞销，是因为价格过高。

思来想去，王永庆决定扩大生产，降低成本。对于他的这个举动，他身边几乎每个人都持反对意见。他们反对的理由显而易见，即原本的月产量一百吨都已经滞销了，如果把月产量扩大，岂不是更加没有销路了吗？在第一次扩大生产，把月销量提高到二百吨依然滞销之后，王永庆在参考工人和外国顾问的建议之下，最终决定把月产量扩大到一千二百吨。这可不是一个小数目，而且很有可能产量过剩。但是为了降低成本，王永庆只能走这步险棋。他最终说服了外国顾问，而且认为自己只能往前，不能退后。就这样，在王永庆的坚持下，台塑进行了第二次扩建工程，最终使得月产量提高到一千二百吨。果不其然，台塑的生产成本大大降低，成功垄断了台湾市场，而且还在世界市场上占据了一席之地，成为举世闻名的塑胶业“霸主”。

王永庆自幼家贫，以卖米为生，最终发家致富，步入塑胶产业。对于他人的劝阻，王永庆自知骑虎难下，因而决定抓住机遇，反其道而行之，在产品滞销的情况下扩大产量，最终以过人的胆识成功进行扩建，降低产品成本，从而成功垄断台湾塑胶市场，而且在世界塑胶产业上也占据一席之地。不得不说，在所有人都为王永庆捏着一把汗的时候，王永庆很清楚自己不是背水一战，而是在经过详细周密的市场调查之后，做出的理智决定。

在需要作出选择的紧要关头，胆识是非常重要的。一个人只有胆识过人，才能当机立断，作出让自己信服的决定。这种果决，与鲁莽和自负截然不同，而是一种胸有成竹的自信和果敢。法国有位大名鼎鼎的哲学家，曾经举例说明胆识的重要性。他说，假如有一头驴子同时面对两堆一样多的干草，它却犹豫不决，不知道应该先吃哪堆干草，那么它最终会看着两堆干草却被活活饿死。虽然这种现象在现实生活中不会发生，但是从缺乏胆识和决断性的角度而言，与此类似的情况在生活中并不罕见。前文我们曾经说过，人生是由无数次选择决定的。人活一世，总是要面临各种各样的选择，我们必须当机立断，才能及时应对，做出决策。一个人要想成为命运的宠儿，就必须拥有这种坚决果断的精神，也能够充满理性地面对人生的一切抉择。

朋友们，也许你们天生果敢，也或者你们总是拖泥带水，这都没关系。从现在开始，让我们接受人生的历练，成为一个有胆识的人吧！

盲目的勇敢不可取，要保持理智

现实生活中，每个人都崇尚勇敢，都希望自己成为一个有勇有谋的人。然而，勇敢的定义虽然是唯一的，但是勇敢的表现形式却不拘一格。尤其是当生活处于变化之中，勇敢的形式也会随之改变。所以，一味地盲目勇敢是不可取的，我们唯有保持理智和冷静，才能成为真正的勇敢者，才能在人生需要的时候表现出自身的胆识与魄力。

毋庸置疑，有史以来，勇敢都是褒义词，表现出人们优秀又崇高的品质。因此，很多人教育自己的孩子成为一个勇敢的人，但是却忘记了告诉孩子，一切勇敢都应该审时度势，更应该有一个熟是熟非的前提条件。不管在什么情况下，勇敢都不是盲目服从他人，也不是毫无理性对他人言听计从。就算在军令严明的部队中，也有“将在外军令有所不受”的特殊情况，所以如果一个军人不分青红皂白地服从命令，就会导致专制。由此可见，我们固然要勇敢，但是更要保持理智。唯有理性的勇敢，唯有能够与疯狂对抗的理智，才能让我们赢得他人的赞许，也能够做出最佳的抉择。

不管是在古代社会，还是在现代社会，不管是在中国还是在西方国家，普通的百姓总是崇尚权力。尤其是上下级之间，更是纪律严明，层级分明，因而导致大多数所谓的勇敢者都是盲目地执行命令，而只有极少数勇敢者能够保持自己的思维，从而坚持自己的意见和观点，坚定不移与那些荒唐的命令施行对抗。之所以形成这种局面，是因为我们的传统教育教导民众，一定要执行绝对的勇敢。所以，这也直接导致很多人明明知道决策者是错误的，还是要坚决执行决策者的命令。不得不说，权利的社会，导致人们臣服于权利，而忽略了自己内心最真实的声音。

1965年，法国发生暴动，巴黎的很多学生和市民都走上街头，强烈抗议当时担任总统职务的戴高乐，要求他下台。对此，戴高乐无计可施，因而仓皇来到法国驻扎德国的司令部所在地——巴登。戴高乐心急如焚，强烈要求法国驻德国司令部司令，让其率领军队马上赶往巴黎，平息民变。不过，这位勇敢的司令当即严词拒绝了戴高乐的命令，而且请求戴高乐收回成命。直到恢复平静，戴高乐才意识这位司令说得对。他很清楚，如果这位司令真的按照他的命令，回到巴黎平息民变，那么他就会因为镇压人民，成为千古罪人。

事后，戴高乐不仅对那位司令大加赞赏，而且还写信给那位司令的妻子表示感谢。他在信上说，在危机关头，一定是上帝安排他来到巴登，并且又派了这位勇敢的司令，打消他疯狂的念头。

戴高乐在遭遇民变时，黔驴技穷，想不出任何办法能够平息民愤。幸好，那位勇敢地法国驻德国的司令还能保持清醒与理智，拒绝了戴高乐的命令。尽管戴高乐是高高在上的总统，那位司令也知道戴高乐的请求是不合理的，所以绝不妥协。

因此我们说，勇敢并非只是一种行为，而是包含着道义与理性的精神上的表现。是否勇敢，或者说是否具备理性，是我们评价一个人是否是真的勇士的标准。因而朋友们，我们一定要保持理智，拒绝盲目地勇敢，才能具备真正的勇敢，成为真的勇士。

毋庸置疑，我们在生活中总会遭遇很多的坎坷挫折，在这种情况下，与其盲目逞强，导致事与愿违，不如理智面对，用理智战胜激动的情绪，从而帮助我们恢复平静，保持清醒，也才能从容应对人生的一切坎坷与挫折。

勇敢“秀”出来，你也可以赢

在以前，人们总是把“真金不怕火来炼”“酒香不怕巷子深”这些话挂在嘴边。的确，在市场营销和广告宣传还没有那么铺天盖地的时候，人们更多地依靠口耳相传，来让自己的产品走入众人的视野，赢得众人的认可和赏识。然而，随着时代的发展，随着社会飞速进步，现代社会，市场营销和广告宣传已经成为产品推广的常规手段，可以说，如果没有这两种手段，再好的产品也会被埋没。归根结底，口耳相传的力量是有限的。我们唯有保持积极主动，展开攻势，才能如愿以偿地推销出去我们的产品，从而让我们的产品举世皆知。

现代社会，不但产品需要推销，我们自身也是需要推销的。正如有人所说的那样，作为一名推销员，要想推销出去自己的产品，首先要把自己作为最重要的产品推销出去，才能赢得客户的认可，从而让接下来的推销工作水到渠成。的确，尤其是对于那些推销保险或者房产等有贵重价值的产品的推销员而言，假如得不到客户的信任，是不可能成功把自己代理的产品推销出去的。因而，古人所讲的“沉默是金”，在现代社会并不能照搬过来。要知道，沉默是金的年代早就已经过去了，现代的社会更讲究自我推销，自我展示。所谓“我型我秀”，更是要求我们把自身的个性秀出来给他人看，这样我们才能以与众不同的个性形象得到他人的关注和认可，也才能真正把我们自己推销给他人。

若干年前，有个在美国著名大学管理学系毕业的学生回到国内，想要为自己找到一份合适的工作。他很中意一家大企业，因而特意拜访这家大企业的老板，想向老板推销自己。毫无疑问，这家企业规模很大，在全国范围内都很有名气，因而这家企业的老板自然也不可小觑。尽管这个年轻人毕业于美国知名大学的管理系，但是老板看着这个乳臭未干的小伙子，根本没将其放在眼里。简单交谈几句之后，老板就不耐烦地拒绝年轻人：“我想，我们公司并没有什么职位适合您，还是请您另谋高就吧。”

对于老板直截了当的拒绝，这个年轻人没有气馁，而是当即调转话题，对老板说：“张总，您的意思是贵公司有足够的人才，让贵公司顺利发展，飞黄腾达。而诸如我这样的黄口小儿，也许再有能力，也必须要被拒之门外是吗？”听到年轻人锐气十足的话，老板未免有些惊讶，因而也对年轻人产生了些许的兴趣。他沉默片刻，说：“你不妨向我展示一下你的才华。”年轻人沉思片刻，说："我当然可以说说自己的浅见，不过不知道张总为何又突然对我这样毫无经验和背景的初生牛犊感兴趣了！"看到年轻人卖关子，老板更加急不可耐，他催促年轻人说说自己的想法，年轻人这才侃侃而谈，不仅说了自己的人生规划，而且还针对公司的情况提出了好几条中肯的建议！听完年轻人的话，老板当即邀请他次日到公司报到。

这位年轻人之所以柳暗花明又一村，在被拒绝之后又得到机会展示自己，就是因为他的犀利和破釜沉舟。可想而知，在知道自己毫无机会之后，年轻人心里的那些顾虑反而彻底消除，他更加放开自己，也放纵自己说出心里话。没想到，已经听惯了应聘者胆小甚微回答的老板，恰恰对他的回答感到耳目一新，因而非常愿意给他机会秀出自己，展示自己。就这样，年轻人最终如愿以偿地谋求到一份好工作，而且还因此博得了老板的赏识，他此后的职业生涯发展得一帆风顺。

现代社会，有才华的人实在很多，但是敢于自信地秀出自我的人，却是少之又少。作为年轻人，不管是在找工作的时候，还是在日常生活中，一定要充满自信，敢于展示自己的风采，这样才能一改唯唯诺诺的模样，给面试官留下良好的印象。假如我们因为一味地谦虚错失机会，那么我们就再也没有机会表现自己，而且还会因此导致人生与成功失之交臂。

年轻的朋友们，尽管沉默是金，但是沉默也是埋没人才的泥土。虽然是金子总会发光的，但是人生苦短，我们与其被泥土掩埋，不如主动走入伯乐的视野，让伯乐见识我们与众不同的风采。这样一来，我们岂不是相当于节省了宝贵的时间，更早一步让自己接近于成功吗？而且，现代社会崇尚个性，讲究张扬。特别是对于身处职场的朋友们而言，更要适当地秀一秀自己，这样才能让自己进入"贵人"的视野，也许还会得到贵人的鼎力相助呢！

勇敢地主宰自己的命运

对于命运，每个人都有着自己的衡量。人人渴望得到一帆风顺的人生好运，遗憾的是，人生不如意事十之八九，这已经让绝大多数人的美好希望都落空了。很多人为此感到沮丧，对于人生中不期而至的苦难和磨难，更是感到绝望。其实，人生的常态就是既有波峰，也有波谷。任何时候，我们都要以平常心面对命运多舛，才能最大限度地发挥我们的主观能动性，以平静理智处理好问题，从而帮助我们赢得更加美好的未来。

细心的朋友会发现，大多数成功者并非有着过人之处，而是因为他们从不向失败低头，始终鼓足勇气，面对人生，把握自我，主宰命运。要知道，在这个世界上靠谁都是靠不住的。虽然父母无条件地对我们好，但是父母不可能与我们生活一辈子。此外，不管是亲人还是朋友，与我们的依靠都是相互的。我们唯有变得强大，具备主宰命运的能力，才能与他们相互依靠，从而彼此提携，成就人生。聪明的朋友们会知道，在这个世界上，我们唯一最可靠的依靠，就是我们自己，对于每个人来说都是如此。我们要成为自己的上帝，勇敢地主宰自己的命运，从而帮助自己摆脱厄运，迎来好运。

每个人，要想拥有充实的人生，就必须勇敢地做自己的上帝。因为我们唯有依靠自己，才能主宰命运。与其犹豫不定怀疑自己面对人生的能力，我们不如满怀自信，步履轻盈，更加积极主动地面对人生，奔向成功的彼岸。朋友们，要记住，人的潜力是无穷的，我们必须成为自身的主宰，才能操控命运，扭转命运。

1955年，张海迪出生在山东。她的父母都是知识分子，在五岁之前，张海迪和大多数无忧无虑的孩子一样快乐的成长。然而，这份充满童真童趣的快乐，在她五岁那年戛然而止。张海迪被查出患了脊髓血管瘤，最终高位截瘫，不得不坐在轮椅上度过余下的生命。原本，医生认为高位截瘫的病人很难活过二十七岁，但是张海迪面对死神的威胁，始终没有放弃对生的希望。

1970年，张海迪跟随父母上山下乡，来到农村生活。当看到当地的村民们求医问药很难时，她萌生出学习医学的念头。因为条件限制，她只能买书自学。为了让自己针灸的时候找准穴位，她更是以自己的身体进行扎针实验。在农村的十几年里，她为当地的群众治病上万次，有效地解决了当地百姓求医问药的难题。后来，张海迪跟随父母一起回到县城定居，因为没有工作，她开始拿起笔，从事写作。她的作品如同一缕春风，吹到年轻人的心中，吹散了年轻人心里的阴霾，唤醒了他们面对生活的勇气。

生活对于张海迪而言，无疑太艰难了。但是，她始终没有放弃，反而勇敢地与命运抗争，最终赢得了命运的眷顾，以残疾之躯主宰自己的命运，收获人生的成功。毫无疑问，现代社会中人才竞争更加激烈。一个合格而又优秀的人才，除了要具备超强的专业技能和智力水平之外，更要具备健全的心理，勇敢地与命运抗争，成为命运的主宰。唯有如此，我们才能成为自己的上帝，时刻掌控自己的命运。

一个人失去自我，无疑是莫大的不幸。一个人失去自主，就会放开掌控人生的舵。每个人都是这个世界上独一无二的个体，不管什么时候，我们都要坚定不移地做好自己，活出属于自己的精彩人生。

一个真正的成功者，不但有主见，有胆识，而且也善于驾驭自身的命运，赢得属于自己的幸福。就像一个人总是拄着拐杖走路一样，如果不丢掉拐杖，他永远都走不出属于自己的人生之路。唯有扔掉拐杖，让自己的双脚坚定不移地踩在人生之路上，我们才能走出自己的康庄大道。

第 06 章

见机行事懂得转弯，选择面前勇敢决断

人生之中并非永远是康庄大道，人生的道路也不会永远都是直线。很多时候，我们的人生都会遇到死角，明智的人能够见机行事，懂得转弯，但是愚钝的人却从不知道顺势而为，随机应变。正如西方的一句格言所说，“条条大路通罗马”。其实，避直就曲，迂回曲折，只要能够达到目的，又何尝不可为呢!

面对人生，要学会变通

很多人都曾经在农村有过打井的经历，那么也就不会陌生，有的时候打井，即便已经打入地下很深了，却没有见到地下水涌出，这到底是为什么呢？在这种情况下，经验丰富的打井师傅不会继续往下钻探，而是会换一个地方，重开更新开始。的确，如果那个地方恰巧避开了地下水，那么无论钻入多么深，都是无法让地下水涌出来的。这就如同我们在生活和学习中遇到的很多事情，如果始终没有正确的方法，而是南辕北辙，那么我们的努力不但毫无成效，反而会使事情变得更加糟糕。

相信很多朋友都曾经听说过南辕北辙的故事。假如方向错了，再多的盘缠和再好的车子，再加上经验丰富的车夫，都只会导致我们越来越偏离目的地。所以，我们应该调整思路，从而找到更好的打井地点，也许只需要钻探很浅的泥土，就能够拥有整整一井的清泉。对于自身的定位，我们更要保持思想活络。当感觉到自己真的不适合于做某件事情时，只要调整思路，改变方向，也许就能事半功倍。

曾经有个女孩高考落榜，后来母亲四处托人找关系，好不容易才安排她进入本村的学校教学。然而，因为没有教学经验，也因为笨嘴拙舌，她居然连一道简单的数学题都讲不清楚，最终在学校刚刚上了几天的课，就被学生赶下了讲台。她哭着回到家里，不知道未来的生活应该如何度过。这时，母亲为她擦干眼泪，说：“茶壶里煮饺子，总是倒不出来。没关系，你可能不适合当老师。我相信，你一定能找到适合自己的工作。”后来，女孩跟随本村的小姐妹去南方的服装厂打工，但是因为她笨手笨脚的，根本跟不上流水线的速度，而且工作的质量也不过关，为此，她被老板开除了。看着黯然伤神回到家乡的女儿，母亲又说：“没关系的。她们干得快，是因为她们已经干了好几年了。一直以来，你都在读书，根本无法在短时间内适应这样的体力活。”后来，女孩先后从事过很多工作，诸如纺织女工、市场管理员，还给建筑工地当过会计，但是始终一事无成，每次都潦草收场。每当看着女儿沮丧绝望的样子，母亲从未抱怨过女儿的一事无成，反而积极鼓励女儿，毫无条件地支持女儿。

一个偶然的机会，已经而立之年的女孩来到聋哑学校，成为一名耐心且有爱心的辅导员。她终于找到了自己喜欢的工作，在与聋哑儿童相处时，她感到非常快乐。后来，她开了一家属于自己的聋哑学校，随后又开了很多残障人士的保健用品店。数年过去，她已然成为成功人士。一天，她问母亲：“妈妈，这么多年来，我总是失败，为何你对我这么有信心呢？”母亲笑了，说：“一块地总能找到适合它的种子。如果不适合种麦子，那么可以种豆子；如果也不适合种豆子，就可以种蔬菜瓜果；哪怕这块地上连蔬菜瓜果都长不好，还可以种荞麦，一定能有好收成。”听了母亲的话，女儿潸然泪下。她知道，正是母亲绵延不绝的爱和信心，让她的生命拥有了这样一粒神奇的种子。

一块地，总是找不到适合它的种子，它也能获得好收成。朋友们，如果你们在人生之中如同这个女孩一样处处碰壁，千万不要失望，更不要绝望。只要你们坚持不懈地努力，不断地尝试找到最适合自己的那块地，你就会成为能够创造奇迹的种子。

常言道，变则通，通则久。面对很多棘手的问题，假如我们还没有找到合适的解决方法，或者一时之间陷入困境，那么我们就可以换一条路。既然条条大路通罗马，我们完全没有必要一条道走到黑。当然，我们也必须区分执着与变通。所谓变通，并非让我们朝令夕改，适当的执着还是必须的。但是，所谓执着，也并非指的是一成不变，不管什么时候，改变和创新才能为生活注入新鲜的血液。

每一艘船都要随时改变方向

船只在漫无边际的大海上航行，看似往哪里走都是可以的，但是实际上，大海上也是有航向的。在大海上航行，汹涌的波涛下面或者有礁石，或者有暗流，必须按照一定的航向，才能平安驶达目的地。

曾经年少不更事的我们，一旦考入大学，就觉得自己的人生进入了百宝箱。殊不知，现代社会人才济济，很少有人能够把大学文凭啃一辈子。现实是残酷的，现代社会知识更新的速度如此之快，很多年轻人刚刚大学毕业，但实际上他们所学的知识已经落伍了。对此，那种认为大学毕业就不需要继续学习的观点，完全是错误的。要想在现代社会为自己谋求一席之地，要想在工作中崭露头角，大学之后我们不但需要学习知识，而且要与老员工学习经验，这样才能让自己快速成长。归根结底，学校所学习的知识是有限的，而且也因为脱离生活和工作实际，难免有些落伍。实际生活与工作中，我们需要更多的是与时俱进，才能应付复杂多变的现实。这一切，都离不开我们的实践和摸索。

所以说，每一艘船在海上航行，都需要随时根据天气和海面上的情况，改变航向。每一个人在生活中漫游，也都需要根据自身的实际情况和客观的外界情况，不断地调整自身的发展，从而让自己更加顺应形势，符合潮流的要求。朋友们，要记住，不管什么时候，我们都要活到老，学到老，及时变通。这样，我们就会变成一艘灵活的船只，在人生路上随时调转方向，成为人生的赢家。

大学毕业后，张子墨没有继续读研，而是选择工作。他和大多数同学一样，奔波了很长时间，才找到一份心仪的工作。然而，原本以为自己将会在工作中占据优势的他，真正工作了才发现，他在大学中学到的引以为荣的那些知识，已经与现实脱节了。为此，他有些懊悔自己没有读研，却又转念一想，与其读研，还不如在工作中继续深造，掌握最新的与现实接轨的知识，这样才能对工作起到事半功倍的作用。

为此，张子墨毫不迟疑，马上为自己报名参加了培训班，而且还借助于工作的便利，有针对性地提升自己。转眼之间，三年过去，张子墨凭着出色的表现，已经成为公司的中层管理者。而当初那些一心一意考研也的确如愿以偿的同学们，却面对更加严峻的就业形势。毕竟，很多公司需要的并非是单纯的高学历人才，而是经验丰富的高学历人才。和纯粹的研究生学历相比，他们更愿意聘用一个拥有本科学历，但是相关经验丰富的人才。所以，很多读完研究生的同学都羡慕张子墨的远见卓识。只有张子墨知道，自己在面对就业市场和就业形势时，也曾经历了煎熬的心路历程。

地球每时每刻都在自转和公转，这也就注定了万事万物一直都在变化之中。当我们置身于改变的洪流，但是自身却保持一成不变时，无疑，我们已经落后了。为了与时俱进，我们也必须保持进步的姿态，这样才能最大限度地发挥自身的主观能动性，避免自己被时代远远甩下。

人生如同大海，我们每个人也如同在海上航行的船只。唯有更加积极主动地调整自身，让自己与时俱进，我们才能保持进步的姿态，与生活并驾齐驱。曾经，美国的专家进行专门研究，证实在当代，职业半衰期越来越短。很多高薪者如果不坚持学习，无需五年，就会失去职业优势，变成低薪者。不得不说，就业形势是非常严峻的，未来社会只有两种人存在，一种是忙着四处找工作而不得的人，一种是整日忙忙碌碌发展事业的人。在人们因为贫富分化抱怨不止的今天，没有人意识到未来的形势将会更加难以应对。所以朋友们，我们应该未雨绸缪，先逐渐提升和完善自己，未来才不至于被时代的洪流远远甩下。

跟随时代的脚步，发展自我

很多时候，我们尽管主观上愿意跟随时代的脚步，但是客观上，我们的思想却会背叛我们的主观意愿，与现实相分离，无法及时跟上时代的脚步。众所周知，世界上的万事万物都处于不停的变化之中，如果我们不能做到与时俱进，就会落后于时代，导致与时代脱轨，生活陷入被动。其实，思维原本是来自希腊文的词语，最初用来指某种理论、典范或者是假设的说法等。但是，从广义的角度来说，这个词语指的是我们对于客观世界的各种观点。如今更是不断延伸，成为心理学术语，指的是我们来自感官的各种感受与体验。

在面对客观世界时，针对自己的所见所闻所思所感，每个人都有自己的思维。举例而言，只要是人，就必然有思维有想法，而且还会产生各种细致入微的感情。因而，对于每个人来说，都需要理智地看待这个世界，了解我们对待世界的认知和态度，从而对这个世界进行评价和界定，进行更加深刻的认识。

如果说要对人的思维进行形象生动的比喻，那么我们的思维无疑很像一张地图。要知道，地图并非呈现出任何明确具体的观点，而是提供给我们很多信息。思维正是如此，它并非具体的事物，而是能够提出对事物进行诠释的理论，提供给人的是一些信息。很多人都曾有过去到陌生地方的经验，会发现在陌生的地方如果没有地图的指引，就会感到很无助，根本分不清东西南北，也摸不到任何头绪，有种有力气都没有地方使的无奈感觉。所以，我们的人生必须有一张准确的“地图”，这个地图要能够给我们提供有效的指引，从而帮助我们的人生事半功倍地发展。正如南辕北辙的故事里所说的那样，假如方向错了，不管如何努力，都会导致事与愿违。唯有保持正确的方向，有一张清晰的心灵地图，我们才能目标明确，勇往直前。

当然，心灵地图不仅仅是为了面对客观存在的世界，更是为了面对我们自身。所以，心灵地图既有针对现实世界的，也有针对我们个人的价值观的。每个人都在无形之中接受心灵地图的指引，却有相当一部分人从未意识到心灵地图的存在。可以说，人们对于心灵地图的依赖，通常是在无意识的情况下进行的。

毋庸置疑，世界始终处于发展变化之中，对于我们自身而言，不管我们是否愿意，我们都要处于发展和变化之中。因此，为了帮助自身实现更好地发展，我们必须要有意识地与时俱进。举例而言，假如我们曾经生活在一个城市里，却从不关注外界的变化，闭门不出，更不与时俱进，那么几年之后当我们走出家门，一定会觉得外面的一切都是非常陌生的。心灵地图也是如此，我们唯有随时进步，紧跟时代的脚步，更新自己的地图，才能真正做到与时代并驾齐驱，让我们的人生也更加从容坦然。

当然，从我们呱呱坠地开始，我们的心灵地图就始终以主动或者被动的方式不停发展着，有的时候速度很快，有的时候速度相对较慢，这不但受到我们自身心理发展的影响，而且与外界的影响也有密切关系。然而，只有正确的心灵地图，并不能保证我们的思想和行为也保持进步。我们只是以心灵地图做出行为上的指导，更多的时候，我们更需要撇清假象的影响，透过现象看本质，了解地图的真相，也辨识清楚人生的面目。

归根结底，人生是漫长的，我们无法在一生之中始终与不变的“地图”相伴而行。我们应该持续地观察世界，修改地图，从而尽量客观准确地反映出客观事实，这样我们才能在瞬息万变的大都市里坚持生活的本相，不至于迷路。地图之所以存在，就是因为我们始终在心中不停地描画地图。随着生活经验越来越丰富，人生阅历更加深刻，我们也知道要想拥有完满的人生，我们就必须充实自己的精神，让自己拥有“与时俱进”的心灵地图。

有些坚持毫无意义

很多人都知道人生需要坚持，也常常把这句话作为口号挂在嘴边，然而人生之中很多时候都需要顺应形势去放弃，坚持反而变得毫无意义。毋庸置疑，坚持是一种非常宝贵的品质，我们更是从小就被教育要坚持，越是在艰难困苦的环境中，越是要迎难而上，决不放弃。殊不知，有很多坚持是无谓的，是一种执念，更有可能导致我们走向很多弯路，导致人生更加坎坷与曲折。

任何时候，不管我们是面对顺境还是逆境，不管我们是选择坚持还是放弃，我们都要观察当时的形势，顺势而为。否则，不分青红皂白甚至不自量力的坚持，就是一种执拗，是不可改变的固执，其带来的后果也必然是严重的。举个最简单的例子而言，一个人只有保证目标是正确的，坚持才是有意义的，也才能取得好的结果。反之，如果一个人目标就是错误的，那么必然会因为坚持，导致人生南辕北辙，毫无意义，甚至会使结果不断恶化。所以，我们首先要调整自身的思路，找到正确的方向，这样才能一路坚持下去，让自己变得目标明确，人生也事半功倍，卓有成效。

曾经，有两个农民生活在深山老林里，每天都要辛苦地翻山越岭，去种地，从而勉强维持生活。有一天，天色渐渐晚了，他们在经过一天的辛苦劳作之后，拖着疲惫的身体回家，却在路上捡到了两大包棉花。他们高兴极了，因为棉花的价格很高，可以为他们换取金钱。尤其是这两大包棉花非常多，卖掉的钱足够他们全家人一个月的生活费用。因此，他们分别背起一包棉花，匆匆忙忙地往家里赶去。

他们马不停蹄地朝家走去，突然，有个农夫在走了一段路之后，发现前面的路上还有一大捆布。他走近仔细观察发现，这一大捆布居然是上等的细麻布，而且这捆布比人的腰还粗呢。这个人等着后面的同伴赶上来，想与同伴商量着放弃棉花，一起抬着这捆细麻布去卖。然而，他的同伴背着棉花走得气喘吁吁，觉得自己已经背着棉花走了这么远，根本舍不得放弃棉花。为此，这个农夫很无奈，只好一个人竭尽全力背起这捆布，继续艰难地朝前走着。走着走着，这位农夫真是交了好运气，居然在丛林里发现了好几罐黄金。这个农夫赶紧喊在他前面背着棉花遥遥领先的同伴，还建议同伴丢掉棉花，一起背着黄金回家。然而，他的同伴根本不相信这些都是真正的黄金，也不愿意放弃自己辛苦从山那边背回来的棉花，还奉劝他也不要看到黄金就心动呢。结果，同伴背着棉花继续朝走，这个农夫则从那捆布上撕掉一大块布，尽量背起金块朝着家里走。出乎预料，到了他们快要到家时，突然天降大雨，背着棉花的同伴被雨淋湿，棉花吸足水分，变得沉甸甸的，他根本无力背着继续朝前走了。但是对于背着金块的农夫而言，背上的分量没有太大的变化，他一如之前那样背着金块回家了。

人，总是要顺应形势改变自己的思路，才能做到更好。假如那个农夫之前能够放弃棉花，那么最后也不至于两手空空地回家。不过，凡事皆有度，我们更不能像小猴子一样摘了芝麻丢西瓜。这就要求我们必须适度坚持，这样才能在面对人生选择的时候稳准狠，也才能积极主动地操控命运，博得人生的好运气。

曾经，有位获得诺贝尔奖的科学家曾经说过，一个好的研究者必须学会适时放弃自己不够成熟和不够优秀的设想，这样才能把更多的时间和精力集中用于研究那些优秀的设想和构思。我们不由得感慨，这位诺贝尔奖获得者之所以能够获得好的发展，就是因为他很懂得适当的坚持和放弃，从而让自己的人生事半功倍，让自己的一切坚持都是有意义的。

果断舍弃，也是人生的转弯

鲁迅曾经说过："这个世界上根本没有路，走的人多了，也便成了路。"我们要说，人生之中原本没有那么多奇迹，走得人多了，才出现了奇迹。的确，人生路上有很多奇迹，这些都来自于人们的爱心和坚持，也来自于人们果断的放弃。我们羡慕很多成功者的辉煌和成就，却忘记了他们之所以能有今日，就因为他们能够独辟蹊径，不走寻常路。

西方国家有句谚语，条条大路通罗马。这句谚语最初的意思是说，古罗马帝国经济繁荣，而且道路四通八达，随便选择哪条路，只要坚持不懈地走下去，就能走到罗马城。现在，人们更多地用这句话比喻很多事情并非只有一种途径和方法，而是会有很多的人生选择。我们只要慎重思考，明智选择，就能够走出属于自己的人生道路，获得与众不同的成功。正如前文所说的，并非所有坚持都有意义。任何时候，我们唯有更加坚持不懈，才能走出属于自己的成功之路。

现代社会，有很多年轻人深谙贵在坚持的道理，对于自己并不擅长的事情，他们也一味地坚持，最终导致毫无所获。所谓“三百六十行，行行出状元”。也曾经有人说，兴趣才是人生最好的老师。所以不管是工作还是学习，我们都要找到自己最擅长的领域，这样才能让我们的人生发展和进步更加快速，事半功倍。

很多人都曾经去过北京，也知道“不到长城非好汉”的道理。然而，到了北京是否去长城，是否亲自爬长城，也是需要我们根据自身情况来决定的。例如对于很多年老体衰的朋友们，千万不要逞强爬长城。可以选择索道的方式去长城上，这样才能避免剧烈和过于劳累的运动，对于身体的伤害。生活之中也是如此。我们尽管很羡慕其他人的成功，也一心一意想要获得成功，但是却要注意，不要过于苛刻地要求自己成功，否则我们就会导致人生事与愿违。

现实生活中，有很多朋友都习惯于做白日梦，殊不知，白日梦虽然做的时候很美妙，但是却会耽误人们的很多时间，也会消磨人们的斗志，导致人们无法真正充满信心，努力奋斗。尤其是对于很多青春期男女而言，憧憬未来，面对现状却不能展开行动切实改变人生，都会使人感到郁郁寡欢，更加意志消沉。

做美好的梦，对于每一个充满智慧的人而言，都是使人精神振奋的。但是对于不愿意正视现实且以此逃避现实的人而言，却使人感到堕落。因此，对于那些不切实际的梦想，我们必须坚决果断地放弃，这样才能鼓起勇气，认清现实，勇往直前。的确，要想果断放弃，最重要的就是勇敢地面对现实，理智分析现实的情况，从而对人生有清晰的规划和计划。其次，还要能够坚决果断，勇于放弃。要知道，美好的梦境如同水中花镜中月，毕竟只是梦境。与其在梦境中浪费宝贵的生命，不如从梦境中恢复清醒，从而让自己的人生真正踏上奔向罗马的道路。

希望集团刘氏兄弟，在《福布斯》中国富豪榜上排名第一位，他们的个人资产高达83亿元。然而，他们也是从最初的创业阶段一路走来的。和绝大多数成功者一样，他们都具有野心和雄心，更懂得“舍弃”的道理。

原本，刘氏四兄弟都在国企工作，生活非常稳定。在当时的人看来，他们捧着的不但是铁饭碗，更是金饭碗。在真正开始创业之前，他们破釜沉舟，背水一战，决定一定要干出个样子来，并没有像绝大多数创业者那样脚踩两只船，随时做好了撤退的准备。他们最早先是孵小鸡、养鹌鹑，后来又根据事业发展的情况，随时准备扩大规模，再后来更是多样化经营，经营饲料、电子生意，还涉及房地产、金融和资本运作等领域。最难得的是，对于很多家族企业一旦做大做强、牵涉到很多利益纠纷就导致兄弟反目的怪象，刘氏兄弟很好地避免了。当意见产生分歧时，他们都能够放弃自己不那么完美的意见，接纳其他兄弟好的建议和想法，从而在对企业进行产权分割时，也能够做到心平气和，根本没有伤害企业的元气，这也是他们的企业后来能够更加发展壮大的原因。

追根溯源，他们最初创业只投入了一万元人民币。用今天的眼光去看，这样的投入微乎其微。然而，他们抓住了好时代的好机会，也因为创业之初的勇于舍得，所以才有今天中国首富的至高地位。

所谓“舍得”，之所以是先舍后得，就是因为有舍才有得。很多人面对舍弃缺乏勇气，正因如此，他们也错失了得到的机会。正如古人所说，鱼与熊掌不可兼得。任何情况下，我们都必须更加积极主动地面对人生，用于舍弃，才能赢得更多的机会，让自己决战当下。记住，条条大路通罗马，人生没有绝境，唯有积极面对人生，我们才能得到人生的无限馈赠。

以卵击石，不如找准软肋伺机而动

人是群居动物，每个人在人生之中，都难免要与他人打交道。不管是生活还是在学习、工作中，我们都会面临竞争。尤其是在现代职场上，人才辈出，人才济济，我们要想出类拔萃，出人头地，更是要与他人展开激烈的竞争，用实力为自己代言。

生活中，我们常常因为竞争与对手反目成仇，其实，对手未必是仇人，反而有很多对手还能成为朋友呢。记得曾经有人说过，看一个人的底牌，看他的朋友，看一个人的实力，看他的对手。的确，对手很好地表现了我们的实力，甚至我们还可以学习对手身上的优点，提升自己的能力，从而帮助自己更好地取胜。聪明的人还会接近对手，观察对手，从而找准对手的软肋，做到一招制敌，兵不血刃。很多喜欢看武侠小说的朋友都知道，很多武林高手都有“死穴”，实际上这就是他们的软肋。只要找准死穴，我们就能更顺利地战胜对手，也为自己的人生铺开新篇章，奠定基础。当然，有的时候对手也是很警惕的。尤其是当遇到实力强劲的对手时，我们更要伺机而动，而不要以卵击石。归根结底，不管我们采取怎样的方式和策略，唯有取得最终的胜利，才是真正的人生赢家。

有位搏击高手勤奋苦练了很多年，在感到时机成熟之后，最终决定参加锦标赛，为自己夺得冠军。的确，他的辛苦付出有了很大的回报，他凭借着高超的搏击之术，把接连好几个对手都战胜了。对此，他不免有些沾沾自喜，因为他只要战胜最后那个对手，就能赢得冠军。然而，刚刚与这个对手对战两三个回合，搏击高手就意识到自己遇到了对手。因为他根本没有找到对方的破绽，对方反而总是能够找到他的漏洞，突破他的防守。可想而知，在与这个对手的博弈中，搏击高手失败了，但是他想不清楚自己哪里做得不够好。

比赛刚刚结束，他就去到师父那里，把比赛的过程演示给师父看。师父认真观看完他的演示之后，一语不发，而是在地上画了一条线。他不知所以地看着师父，不明白师父的意思。师父这才向他提出要求：“你能不能在不动这条线的情况下，把这条线变短？”他更加丈二和尚摸不着头脑，也不知道自己如何做才能达到师父的要求。师父突然拿起笔，又画了一道更长的线。这样一条，之前的那条线就变短了。这时，师父说：“要想赢得冠军，如果找不到对方的弱点，那么不妨让自己变得更加强大，这样对方相比较你才会变得软弱。所以，你并不欠缺什么。你缺少的只是勤学苦练的精神，你必须让自己变得强大起来。而且，这与做人的道理是一样的。如果一味地寻找对方的弱点而不得，那么不如放弃寻找，从而把所有的时间精力都用于提升自我。这样一来，才能避免与对方以硬碰硬，从而成功赢得冠军。”

每个人在通往成功的道路上，都不是一蹴而就的。众所周知，成功的道路是漫长的，我们唯有超越这一切坎坷与障碍，才能不断跨越困境，征服难关。一般情况下，人与人之间的博弈，要想获胜，或者是打击对方的弱点、搏击对方的软肋，或者是让自己更加扬长避短，变得更强大。这样一来，我们才能真正战胜对方，成功取胜。

所谓尺有所短，寸有所长。相信很多人都曾听说过田忌赛马的故事，的确，当实力无法提升的时候，我们也可以不断运用策略，让自己以四两拨千斤，从而在智慧上更胜一筹。从某种角度而言，不与对手以硬碰硬，避免与对手两败俱伤，不但是一种包容，也是一种智慧。我们唯有不停地兜圈子，才能避免碰钉子，有的时候，迂回曲折对于我们的生活和工作都会有很大的好处。此外还要注意的是，人生在世都很艰难，我们要尽量感化对方，才能化敌为友，让自己多条人生的道路。所谓胜不骄，败不馁，我们即便胜利了，也不要保持高姿态，从而为人生开辟新的天地。我们即使失败了，也绝对不能泄气，而要始终心怀希望，给自己留有余地，这样才能留得青山在，不怕没柴烧，继而更加提升和完善自我，距离成功越来越近。

发散性思维，帮助我们找到更多方法

正所谓人生不如意十之八九，人生在世，每个人在生活和工作中都难免会遇到各种困难和障碍。即便我们倾尽全力，非常努力，也无法使人生赢得更大的进展，在这种情况下，如何打破僵局呢？其实，人生是没有绝境的，有很多时候我们看似陷入人生的绝境，只不过是因为思路的限制，导致人生陷入僵局，无法转化。所谓“解铃还须系铃人”，此时一味地从事情本身出发寻找客观原因很难收到成效，我们必须从自身出发，反省自身，这样才能换个角度思考问题，从而山重水复疑无路，柳暗花明又一村。

实际上，对于人生之中的诸多问题，我们与其盲目对待，或者直接面对，不如保持冷静和理智，采取迂回曲折的态度从容应对。诸如，当这条思路走不通或者于事无补时，我们不妨换条思路继续思考。只要能够不断挖掘自身的潜力和能力，我们就总能从其他角度找到解决问题的方法，从而使问题出现转机。所谓“条条大路通罗马”，从心理学的角度而言，就是采取发散性思维的方式，找到更多的方法解决问题。

作为某家公司的高层管理人员，张坤如今正在面临着进退两难的选择。一则，他很厌恶自己的顶头上司，所谓“道不同不相与谋”，他们在工作中总是针锋相对，谁也不服气谁，这导致张坤在处理工作上的很多问题时感到非常为难。二则，他已经经过十几年的耕耘，成为公司高层，不但职位很高，薪水也是水涨船高，这使他感到很满意。然而前段时间，他又因为某些原因与上司发生冲突，导致工作起来很不愉快。思来想去，张坤决定和妻子商量这件关系到他本人以及整个家庭生活状况的大事情。

张坤的妻子是一家公司的人力资源管理者。对于张坤的苦恼，一直以来从事人力资源管理工作的妻子当即表态：“其实，人际关系的难题对于很多职场人士而言都是存在的。你与其与上司针锋相对，丢掉这么好的一份工作，到新的公司重新开始，不如想办法调整与上司之间的关系，这样岂不是皆大欢喜吗？毕竟，你工作上的成绩有目共睹，没有哪位上司愿意失去一位得力助手和干将。此外，你也可以让猎头公司给你的上司打电话，说不定他还想另谋高就呢！”在妻子的启发下，张坤改变思路。他先是尝试着与上司搞好关系，发现收效甚微之后，又联系猎头公司，给他的上司打电话推荐更好的工作。出乎张坤的预料，他的上司对于眼下的工作也不是很满意，居然很快就接受了猎头公司推荐的新工作。就这样，张坤突然得到提拔，成为上司的接班人。

对于原本很悲壮的人到中年被迫重头再来的故事，至此，成为一个欢乐的故事。不但张坤的上司得到新机会，欣然跳槽，张坤居然也因祸得福，因为这件绞尽脑汁的事情得到了实实在在的好处，他接替了上司的职位，事业更上一层楼。

是啊，大多数职场人士在与上司有了矛盾之后，第一反应就是自己辞职不干，从而躲开上司，另谋高就。但是张坤的妻子拥有发散性思维，她提议张坤先尝试着与上司搞好关系，如果不见成效，再帮上司找到合适的工作，从而不但解决了难题，而且还为张坤创造出晋升机会。不得不说，这是让人皆大欢喜的结果，不但上司高兴，张坤也必然非常高兴。

现代社会，每个人都想在生活中找到自己的最佳位置，实现人生的价值。然而，我们要想为自己争得一席之地，首先就要提升自己，为自己赢得更多的晋升和发展机会。其次，我们还要密切观察客观世界，这样才能搜集到更多的对自己有用的信息，从而帮助自己在工作和事业上开创出崭新的天地。

记住，人生没有死胡同。当思维受到局限，当事情陷入无法调节的僵局，我们不妨改变思路，从而让自己的人生遍地开花。要记住，世界上没有任何东西会处于永远不变的状态，我们唯有改变思路，一往直前，才能跟得上整个时代的潮流，与时俱进，也才能彻底解决落伍的难题，从而让自己的人生更加坚决果断，有勇有谋。记住，要让我们的思路变成撑开的伞，不要成为收起来的伞。

四两拨千斤，让问题变得简单易行

世界上的万事万物，每天都处于不停地发展和变化之中。整个世界，都可以用瞬息万变来形容，由此可见，凡事变化都很迅速。所以，一个人要想赢得成功的人生，就必须学会顺势而为。正如古人所说："事有可为有不可为，知其理而为之谓之明智，反之则为愚蠢。"这句话简而言之，就是顺势者昌，逆势者亡。所以在人生漫长的道路上，我们也许会经历很多艰难坎坷，也会收获幸福快乐。不管处于何种状态下，我们都必须见机行事，懂得变通，这样才能事半功倍。

顾名思义，所谓变通，就是改变自己，从而获得最终的成功。众所周知，人生只有三天——昨天、今天和明天。对于昨天发生的一切，已经成为不可更改的历史，是不管多么努力都无法改变的。对于明天，还处于遥远的未来，也是不可能现在就操控的。归根结底，真正被我们握在手掌心的，是我们的现在，是现在的每一个今天。任何时候，我们必须保持冷静和理智，才能应对这些层出不穷的困境。当然，最重要的是我们要有一颗机智灵活的心，才能顺应形势，让问题变得更加简单易行。

有过海上航行经验的人知道，如果是逆风航行，那么行驶起来就会非常艰难。反之，如果顺风航行，那么航行就能轻而易举。做人做事也是如此，能够借力的人，往往做起事情来简单方便，但是不能够借力的人，则一定会事倍功半，导致自己劳累不堪。所以，我们必须学会四两拨千斤，这样才能让问题变得简单易行。

战国时期，孟氏和施氏两家比邻。施家有两个儿子，一个儿子学文，一个儿子学武。当时，正值楚国与邻国开展，所以施家学武的儿子去了楚国，在战场上，他发挥自身骁勇善战的特长，最终得到楚王重用，成为楚王器重的武官，尽享荣华富贵。后来，施家学文的儿子去了鲁国，游说鲁国的国君，向其灌输仁义治国的道理。为此，他得到了鲁国国君的重用。因为这两个儿子，施家光宗耀祖，从此显赫乡里。

等到孟家的两个儿子长大之后，因为知道施家的儿子都很有出息，所以孟家也安排两个儿子一个学文，一个学武。后来，等到孩子学成了，孟氏就去请教施氏，想问问她的两个儿子时如何出人头地的。施氏当然毫不隐藏而且添油加醋地向孟氏说了很多，孟氏回家之后，当即安排学文的儿子去秦国游说。

不想，秦王当时正准备统一天下，根本听不进去文官的劝说，反而认为这是在破坏他一统天下的大业，因而当即下令砍掉孟氏儿子的一只脚，将其驱赶出秦国。就这样，孟氏原本健康的儿子变成了缺少一只脚的残疾人，更别说成功了。后来，孟氏又派出学武的儿子去战火绵延的赵国。殊不知，赵国历年来饱受战争的摧残，根本不想再发生战争，尤其是赵王，听到孟氏儿子满口的崇尚武力，因而一怒之下下令砍掉孟氏儿子的一条胳膊，将其从赵国赶出去。可怜的孟氏，两个儿子全都变成了残疾，一个缺少一只脚，一个缺少一只胳膊，再也没有办法真正崛起了。

原本，孟氏的儿子和施氏的儿子其实没什么太大的区别，甚至生活和成长的环境也相差无几。但是，施氏的儿子取得了成功，孟氏的儿子却最终惨败，到底是何原因呢？原因就是施氏的儿子能够审时度势，但是孟氏的儿子却不知道如何发挥自身的特长，反而招惹得秦王和赵王全都非常恼火。

所以朋友们，生活中我们难免会遇到各种复杂的情况，要想保全自己，也赢得他人的赏识，我们就必须运用自己的头脑，让自己审时度势，从而根据环境的变化不断变通，最终跟上时代的脚步，成为满足时代需求的人。我们必须记住，人生之中遭遇困境并不可怕，最重要的是我们要保持思维的灵活并顺势而为，这样才能以四两拨千斤之力，成功渡过人生的困境。

尤其是现代社会，优胜劣汰，适者生存，几乎已经成为所有领域的法则。在这种情况下，我们必须适应瞬息万变的社会现状，从而过五关斩六将，最终赢得成功的人生。那么，如何才能运用变通的智慧改变人生呢！首先，我们要及时调整方向，一条道走到黑是不适应现代社会的，我们唯有更加积极主动地调整方向，找到适合自己的人生之路，才能让自己出类拔萃。其次，我们要学会换个角度考虑问题。唯有形成发散性思维，打破思维定式，借力打力，我们才能避免在错误的道路上一直走下去，也才能即时改正错误，从而让人生一帆风顺。

变化，是世界上唯一不变的

如果说这个世界上有什么东西是一成不变的，那就是变化。变化，是这个世界上唯一永远不变的，我们要想更好地生存与发展，就必须保持随机应变，才能顺应形势，从而为人生赢得更多的机遇和更加美好的未来。

尤其是现代社会，更是处于瞬息万变之中。社会环境的每一次改变，都会提供给那些有识之士和有勇有谋的人更多的发展机遇。当我们足够果断和坚决，就能抓住这些机遇，利用这些机遇，从而不断调整自身的观念，顺应形势，改变和完善自我，在世界的舞台上为自己赢得一席之地。

当然，现代社会随着机遇频现，竞争也越来越激烈了。对于竞争者而言，如此激烈的竞争未免让人应接不暇，不管是采取顺应形势改变的方式，还是采取以不变应万变的形式，其实我们都在以自己的方式应对改变，也在以自身独特的方式顺应形势。

世界上，没有什么东西是不变的。所谓“逆水行舟，不进则退”，为了顺应进步的形势，我们也必须随时改变，这样才能更加积极主动地面对人生，顺应人生。否则，如果我们墨守成规，一成不变，很快就会被整个时代远远抛下，也会导致人生变得沉沦。

十八世纪的英国，有个喜剧演员大名鼎鼎，还经常进入皇宫为皇帝表演呢。有一次，趁着有些时间，这个喜剧演员决定去利物浦游玩。然而，在他即将结束行程回国时，不小心遭遇小偷，导致身上的现金都被偷去了，只在一个口袋里，还剩下很少的零花钱。此时，他偏偏突然接到家乡的电报：“家有急事，请速返。”看到电报，他意识到家里肯定是发生大事情了，因而当即准备买票回家。但是，他翻遍了口袋，发现自己所有的钱除了结清旅馆的费用之外，根本买不起票了。为此，他忧心忡忡地思来想去：“这可怎么办呢？我在这里无亲无友，根本找不到人借钱啊！要是让伦敦的朋友寄钱过来，也根本来不及了。”考虑再三，他决定采用一个冒险的但却是最便捷的方法。

次日，他走出宾馆大厅，依然和往日里一样开心地和旅馆的工作人员打招呼，并且告诉他们自己出去片刻，马上回来。走出旅馆，他来到最近的点心店，买了两盒非常便宜的点心，然后又把自己的计划写成一封信，寄到伦敦。此后，他还在两盒点心盒上也写了字，就若无其事地提着两盒点心回到旅馆。他故意在旅馆的工作人员面前逗留，让他们看到他的点心盒。果不其然，工作人员在看到点心盒后脸色大变，当即趁他不留神，给当地警察局打了电话。就这样，这位演员被以最快的速度遣送回到伦敦，交给伦敦的警方。原来，这位戏剧演员在点心盒上写着“给王子的毒药”和“给皇帝的毒药”。难怪旅馆工作人员如此惊慌失措，而利物浦的警察肯定要如此火急火燎地把喜剧演员送回伦敦，他们怎么可能容忍一个有可能威胁到他们皇室性命的人继续留在他们的国境内呢！

被遣送回伦敦后，收到喜剧演员信件的伦敦朋友，很快就把他接出监狱。原来，演员的这位伦敦朋友正是英国的皇帝。在听喜剧演员说完事情的来龙去脉后，皇帝不由得哈哈大笑，而且对喜剧演员的机智非常欣赏。

生活在这个每分每秒都在变化的世界上，我们必须随时保持随机应变，才能最大限度地发挥我们自身的优势，从而做到灵机应变，顺势而为。当然，随机应变说起来简单，要想真正做到，我们就必须认真观察客观世界，从而对各种因素变化会引起的后果有明确的认识，这样才能保持清醒理智，从而在分析的基础上找准突破点，寻求人生的更新境界。

正如一首歌里所唱的：“山不转水在转，水不转人在转。”还有人曾说：“识时务者为俊杰。”总而言之，我们必须因时制宜，顺势而为，才能顺应形势，成就自己的人生。

第 07 章

成为一个优秀的人，从下狠心管住自己开始

人是有很多劣根性的，人性也有很多弱点。一个人要想让自己变得强大，要想让自己更优秀，就要下狠心管住自己，战胜自己的那些弱点，从而不断提升和完善自我，才能变得越来越接近于完美。

让好习惯陪伴我们一生

记得曾经有人说，习惯改变命运。的确，习惯具有强大的能量，甚至使人无法抗拒。习惯会带着我们走向成功，也会使一个人彻底失败。帮助自己养成怎样的习惯，最终决定了我们是成功还是失败。曾经有科学家经过观察研究发现，一个人在每天的行为中，至少有95%的行为都是习惯使然，只有5%的行为才是非习惯性的。因而，我们要想改变人生，就必须戒掉那些坏习惯，努力培养自身的好习惯，才能让自己的人生变得更趋于完美，也更加美好。

其实，人们培养一个新习惯，根本无需坚强的意志力，而是需要循序渐进，持之以恒。当然，戒掉坏习惯并不容易，尤其是当很多习惯在我们的人生中已经根深蒂固时。我们可以遵循渐进，逐渐改掉坏习惯，养成新习惯。总而言之，习惯的养成并非一日之功，唯有持之以恒，我们才能最终成就好习惯。

当然，习惯的养成应该从小做起。正如伟大的教育家叶圣陶老人说，所谓教育，就是养成良好的习惯。也有人说，父母是孩子的第一任老师。其实，在教育孩子的过程中，父母最关键的在于帮助孩子养成良好习惯。还有的教育家说，“习惯能够决定孩子的命运”。的确，习惯不仅会决定孩子的命运，很多成人也因为习惯的影响，导致人生发生转折，命运跌宕起伏。很多生活在大城市的人都知道，一个人的素质会影响很多方面。从本质上来说，所谓素质很大程度上就是习惯。曾经有专家经过研究证实，形成习惯的最好时期是3~12岁，等到孩子12岁之后，很多习惯都会根深蒂固，要想养成好习惯，就很难了。尤其是现代社会，很多家长都望子成龙，望女成凤，恨不得给孩子创造最好的条件，从而促使他们努力学习，改变命运，拥有美好的未来。殊不知，学习不是强求来的，对于父母而言，对子女最好的督促和照顾，就是让子女形成良好的学习习惯。唯有如此，孩子才会因为好习惯受益终身，也才能避免受到不良习惯的恶劣影响。

很多朋友都知道，习惯养成的过程，实际上就是持续重复某种行为的过程。同样，我们要是不断重复某种思想，这种思想也会成为一种惯性思维，从而在不知不觉中影响我们的潜意识，改变我们的行为。举个最简单的例子，大多数人吃饭时都使用右手拿筷子。这是为何呢？从小，我们就用右手拿筷子吃饭，这已经成为了一种习惯，并且变成了传统。那么假如我们从今天开始，改为使用左手拿筷子吃饭，这样一来，我们一定会觉得非常别扭，甚至无法好好吃饭。但是，这并没有关系，只要我们在未来的一个月时间里始终坚持用左手拿筷子，我们就能渐渐习惯，直到最终灵活使用左手。

心理学家经过行为心理学研究之后证实，习惯的养成只需要21天以上的重复。假如能够在90天的时间里始终坚持，那么这种习惯就会变得越来越稳定。同样，假如我们把某种思想也坚持重复21天，或者是连续重复验证21次，那么我们的想法也会形成惯性。渐渐地，这种想法会成为我们的信念，我们无需刻意坚持，就能使其在我们心中根深蒂固。

养成和巩固习惯，可以分为三个阶段。在最初的1~7天，人们可以形成某种行为，必须时刻提醒自己保持这种行为，哪怕这种新鲜的行为或者思维方式使你感到非常别扭。此后的7~21天，我们还要继续努力，把第一阶段的不自然，变成自然，使自己对于新的行为和思维，不再感到别扭。当然，这个阶段还无法做到完全顺其自然，因而我们必须继续提醒自己。最后，从第21天开始，到第90天，我们的习惯渐渐养成，行为和思维完全出于自然，而且这种习惯渐渐趋于稳定，从此之后这种好习惯成为我们最忠诚的追随者，为我们的人生做出贡献。

毋庸置疑，好习惯的养成是很难的，坏习惯的习得却因为顺应了人的劣根性，因而很容易实现。因此，我们必须坚决杜绝坏习惯，避免养成坏习惯，尽力养成好习惯。现实生活中，很多朋友都羡慕他人的成功，实际上成功就是重复坚持做那些简单的事情。所以朋友们，如果你不想继续平庸下去，如果你也渴望得到成功，那么从现在开始，就努力做好那些最不起眼的简单事情，并且持之以恒下去吧！

爱岗敬业，为我们的人生添光彩

人在职场，一定要爱岗敬业，才能把工作做好。在计划经济时代，人人都争当劳模和先锋，为的是得到那份荣耀，也为了对得起自己的职业良心。随着市场经济的到来，时代的不断发展，如今凡事讲求效益，用人单位希望职员最大限度创造效益，职员则希望用人单位给自己多发一些薪水，总而言之，各方都在为自己争取利益。因而，如今的敬业和曾经的敬业已经截然不同。现代职场的年轻人，努力工作是为了证明自己的能力，展示自己的技能，从未帮助自己赢得更多的升职加薪的机会。虽然看起来现代职场的敬业带有更多的功利性，但是实际上，敬业不仅仅是为了自己，也不单纯是为了单位。一个有责任心、事业心的人，即便没有上述几方面的压力，他们也会竭尽所能地把自己的分内之事做好。因而，我们要让敬业成为一种职业习惯，这样我们的职业生涯必将因为我们出色的表现，变得一帆风顺。

首先，敬业是一种责任，我们必须发自内心地认可这种责任，从而也肩负起这种责任。所谓人无压力轻飘飘，恰恰是因为敬业，我们才会在心灵深处形成更加鲜明的规范意识，从而把我们的潜能都挖掘出来，使其发扬光大。我们要把被动工作变成主动工作，这样才能发挥自身的主观能动性，从而彻底改变当一天和尚撞一天钟的状态，全心全意地干好我们的本职工作。那些在工作上有特殊成就的人，都是以这样的态度对待工作的。

其次，敬业是勤奋的表现。从本质上来说，勤奋是一种宝贵的习惯。勤奋的人之所以勤奋，并非朝夕之间就养成了勤奋的习惯，而是经过了漫长的努力和坚持，才让勤奋变成自己身上根深蒂固的习惯以及美好的品质与表现。不管在何时何地，也不管从事什么职位，一个勤奋的人总是能够全身心地投入工作之中，从而获得人生的成就。相反，那些对待工作投机取巧的人，他们不但没有收获，最终还会因此而声名狼藉。

此外，敬业还是一种可贵的精神。正如人们常说的，好吃莫过饺子，舒服莫若躺着。每个人当然都愿意过着舒服惬意的生活，谁也不愿意整日奔波忙碌。但是偏偏我们必须督促自己勤奋，让自己动起来，让自己的人生也舞动起来。这样的人生，才是拥有大格局的人生，这样的人生才有大境界。现实生活中，人人都追求成功，希望获得荣誉，但是却不知人生价值的实现是很漫长而又艰辛的过程。哪怕我们只是在平凡的岗位上做着平凡的工作，我们也要非常努力，才能做好工作，才能把平凡变为伟大。

最近，有家医院正在招聘护士。很多护士都慕名而来，希望进入这家大名鼎鼎的医院。经过层层选拔，最终有十几个护士得到了实习的资格，不过她们之中最终只能有几个人留下来。为此，每位护士都非常努力，想要得到这些宝贵的机会。看到这些护士条件都是百里挑一的，院长决定用特殊的方式考核她们。

这次手术，院长和主任亲自参与主刀。在手术完成缝合腹部时，院长悄悄藏起一块棉纱布，就装作若无其事的样子开始为病人缝合。正当手术即将结束时，护士小米突然严肃地对主刀的主任说："主任，您刚才用了12块纱布，但是现在只有11块。我认为，你有可能把纱布遗落在病人腹内了。"主任马上不以为然地说："开什么玩笑，我拿了这么多年的手术刀，难道会犯这样低级的错误？"小米却坚持说："但是，我记得很清楚，的确少了一块纱布。为了稳妥起见，我建议你再次检查患者腹内情况，这也是为病人负责。"主任还是不顾及小米的意见，继续缝合。这时，小米一本正经地对院长说："院长，我认为主任遗落了一块纱布在患者腹内，请您马上对患者腹内进行再次检查和清理。”看到小米丝毫不畏惧主任和自己，院长高兴地说：“恭喜你经过考核。”这时，不知情的主任看着院长，院长笑起来：“看，这块纱布在这里，你也没有错，小米也没有错，你们都是最优秀的医生和护士。”

就这样，院长为医院聘用到最优秀、合格的护士。小米经过一段时间的发展和历练，果然在工作上表现卓越，成为最受医生欢迎的手术护士。

敬业也是一种境界，更是一种习惯。对于敬业的人而言，不管工作多么平淡无奇，他们都能踏实认真勤奋地对待工作，从而把工作当成自己的事业，全心全意地投入其中。也许有些朋友会说，护士的确需要认真敬业，毕竟护士的工作是与人的生命密切相关的。我们要说，不管从事什么工作，每个人都要爱岗敬业，这样才能让自己平凡的人生远离平庸。

凡事皆有度，过犹不及

人心是很神奇的，有的时候很简单纯粹，有的时候也过于复杂。贪婪的人心如同大海，不管注入多少海水，都无法将其填满。知足的人心是一杯美酒，其香气醉人，使人心旷神怡。一个人如果爱心泛滥，很容易宠坏他身边的人；一个人如果太过理智，就会未老先衰，总而言之，人生是多变的，不管做什么事情，我们都要把握好度，才能避免出现过犹不及的情况。凡事适度最好，所谓适度，就是不多不少。当然，这个度是很难把握的，需要我们有足够的聪明智慧，也有丰富的人生经验，才能做到增一分则多，减一分则少。

在“度”的范围里，一切事情都不使人讨厌。否则，一旦超过度的范围，走上极端，好事也有可能变成坏事，事情的性质甚至有可能因为度量的变化，导致变质。实际上，人心是欲望的海，假如我们能够适度控制欲望，就能把握好度，从而避免被欲望驱使。正如林则徐所说的，“壁立千尺，无欲则刚”。的确，内心无欲无求，也就不会被欲望驱使着失去理智，更不会陷入欲望的深渊无法自拔。

小张和小王原本是同事，后来因为相处得好，走得近，渐渐变成了朋友。在共事几年之后，小张因为对现在的薪水待遇不满足，因而选择了跳槽。后来，他萌发出买房的念头，所以四处凑钱当首付，而且小张还向小王提出要借十万元钱的请求。

对于小张的请求，小王很尴尬，也不由得对小张心生怨气。原来，小张当初跳槽就是觉得公司待遇不好，他却在向小王借钱的时候完全忘记了这码事。一直以来，小王每个月勉强维持开支，就算非常节省，一年也只能攒下一两万块钱。因而，看到小张借起钱来狮子大开口，小王不由得哭笑不得。一则他不好意思直接告诉小张自己没钱，二则他又不知道如何拒绝小王。思来想去，这件事情终究只能实话实说，他只好硬着头皮向小张说出了实情，自己则因为觉得丢了面子，再也没有和小张联系过。

在这件事情中，小张和小王尽管已经从同事变成了朋友，但是小张张口向小王借钱的时候，显然没有把握好分寸，更没有掌握好度。他原本应该知道小王每个月薪水很低，又因为开销大，基本上入不敷出，就算借钱，也不应该张口借十万啊！由此一来，小王丢了男人最爱的面子，哪怕是在自己最好的朋友面前，他也觉得很难堪，自然不愿意再与小张打交道。

在人生的道路上，我们会遇到很多困难，但是对于每个人而言，最困难的事情就是做人。尤其是在人际交往中，我们要想经营好人际关系，就要学会做人。要知道，鸡蛋里挑骨头是很容易的，尤其是当对方心怀叵测的时候。所以，我们既要谦虚，又要把握好做人的度。因为我们不可能达到每个人的满意标准，所以我们无须对自己委曲求全。此外，也因为尊重与友爱是人际交往的基础，所以我们必须更加从容和不卑不亢，才能得到相同的回报。做人难，做事情更难，尤其是要做个成就大事的人，则更加不容易。我们必须记住，做人与做事是密不可分的，也是相辅相成的。做人有分寸，做事情才能恰到好处。

做人适度，就要拥有博大的胸怀，不因为那些微不足道的小事情与他人针锋相对，睚眦必报。做事适度，就要给自己和他人留有余地，不要因为小事情，就对他人穷追不舍。总而言之，我们既要宽容大度，又要捍卫合法权利，维护自己的利益。在这个世界上，只有适度的人，才能更加从容愉悦，避免烦恼。

尤其是现代社会，人际交往被提升到前所未有的高度，我们更要适度把握好人际关系，才能避免被伤害，或者产生失望。此外，现代社会还提倡简约生活，所以我们更要降低自己的欲望，从而调适好自己的生活，安排好自己的人生。

延迟你的满足感

在生活中，人人都想获得满足。然而，生活却常常不如意，让我们无法获得满足。在这种情况下，我们坚持努力奋斗，目的就是让自己实现梦想和理想，从而成就人生的目标。对于满足感的追求，使得我们遭遇到很多困惑，因为我们不知道如何才能最大限度发挥自己的潜力，从而帮助自己赢得人生的契机，创造人生的契机。前文我们说了，做人要把握好自身的欲望，不要被欲望驱使，更不要成为欲望的奴隶。当然，一味地压制欲望也是不现实的，因为适度的欲望反而是我们人生的动力，能够推动我们在人生路上不断前行和进步。但是，欲望不能过度，这又要求我们节制欲望。最好的办法就是延迟满足感，不要随意满足自己的欲望，从而让自己有更加充足的时间理性思考。

通俗地说，延迟满足感，就是要忍耐。生活中，有很多人一旦产生欲求，就会不顾一切地要马上满足自己。其实，这样恰恰是不好的。因为我们如果总是牵绊于眼前的蝇头小利，最终就会被欲望拖累，导致人生陷入困境。我们必须学会等待，这并非压制欲望，而是感受到满足欲望的艰难历程，从而懂得一个道理，即只有战胜当下的困难，才能获得长久的利益。如今，很多家长都为孩子不能集中精神做手里的事情感到烦闷，孩子们不是上课三心二意盼着下课，就是放学后只想玩耍不愿意及时完成作业。这些行为，都是因为孩子延迟满足能力发展不好导致的。假如孩子们懂得延迟满足，那么他们就会知道只有上课认真听讲，下课才能更加轻松地完成作业，也会知道放学后唯有认真完成作业，才能痛痛快快地玩耍。成人更是如此，必须明白很多欲望的满足都是需要付出代价的。

大学毕业后，小马一路奋斗，找到了一份心仪的工作，终于让自己在大城市中有了饭碗。他非常节俭，每个月发薪水之后，都会第一时间把大部分薪水作为存款，存入银行，只留下很少的钱生活。原来，小马有个梦想，那就是为自己买辆车。也难怪，他的大学同学在读大学期间就已经有车了，当然他们是富二代。对于来自农村的小马而言，凭借自己的能力买辆车，这就是最大的心愿。

转眼之间，三年过去了。小马得到了两次晋升，薪水比之前高出很多。为此，他决定贷款买车，正当他四处看车时，他从事二手房经纪业务的姐夫告诉他："小马，先别买车，先买房。车是消耗品，房子才能增值保值。换言之，你现在花十万块钱买车，一到手，车子就不值十万块了。但是哪怕你去偏远的地方贷款买房，过几年你也能赚到好几辆车子的钱。"听了姐夫的话，小马不由得怦然心动。他思来想去，觉得姐夫的话很有道理，因而决定先搁置买车的梦想，想尽办法买房。小马拿出自己辛苦积攒的十万元，又从父母和姐夫那里借了十几万元，就这样花了二十多万元首付，在郊区买了套房子。果然，小马赶上了好时候，五年之后，小马当初以一百万元总价买下来的房子，如今价值二百万元了。为此，小马几次专程打电话感谢姐夫："姐夫，真的太感谢你了。要不是当初听了你的建议，我现在根本买不起房子，这可是赚了一百万啊，够我全款买好几辆车啦。当时我要是买车，到现在也才刚刚还完贷款，但是现在要是买房可算是买不起了。你简直是我的贵人啊！"

小马听从姐夫的劝说，明智地选择延迟买车，最终为自己在大城市安家，落地生根。相比买房，如今买车对他而言是很轻松的事情，也因为有了真正属于自己的家，他买车的时候更觉得心情舒畅。当初，如果他任性地选择买车，那么此刻一定欲哭无泪。

1968年，大名鼎鼎的心理学家沃尔特·米歇尔进行了举世闻名的棉花糖实验。这个实验开展的地点在幼儿园。当时，他给每个幼儿都发了一块棉花糖，并且告诉孩子们假如在他离开期间不吃棉花糖，而是等到他回来再吃，那么他们就可以多得到一块棉花糖。但是假如他们在他离开期间把棉花糖吃掉了，那么就无法得到再多一块棉花糖的奖励。在这六百多名幼儿参加的实验中，最终那些能够等待心理学家回到现场再吃糖的孩子，长大之后都有了一定的成就。相反，那些等不及心理学家回到现场，就把棉花糖吃掉的孩子，成长之后也很难经过等待，让自己得到更大的收获和成就。

其实，延迟满足能力的获得，对于孩子的成长和发展未必真的影响深远。但是在现实生活中，我们很多时候的确需要进行延迟满足，从而适当地克制自己，让自己在欲望面前保持清醒和理智。正如人们常说的，笑到最后的人才是笑得最好的人，我们也必须坚持到最后，才能获得真正的成功。

“每一美分”都值得我们珍惜

有一届奥运会在悉尼举行，当时，主办方召开了一次新闻发布会，发布会主要以“世界传媒与奥运会报道”为主题。来自世界各地的很多记者以及一些举世闻名的大人物，都出席了这次发布会。这次举世瞩目的发布会即将结束时，突然发生了一个小小的意外。

麦卡锡坐在发布会的第一排，在如此显眼的位置，在众目睽睽之下，他居然突然起身，并且毫不掩饰地钻到桌子底下。要知道，麦卡锡可是美国大名鼎鼎的NBC公司的副总裁啊，他为何要不顾自己高贵的身份，当众做出这样的惊人之举呢！看到这个场面的每个人都感到很困惑，甚至交头接耳地议论起来。正当他们讨论得激烈时，只见麦卡锡又神色平静地从桌子底下钻出来了。而且，他一只手拿着抽得只剩半根的古巴雪茄。这时，在场的记者们全都露出惊愕的神情，原来麦卡锡当众钻入桌子底下，只是为了捡起他刚才不小心掉落在桌子下面的雪茄烟。要知道，麦卡锡可是亿万富翁啊，这样的举动与他的身份相符吗？显然，很多人都不理解麦卡锡为何要这么做。但是麦卡锡从容拍打着身上的泥土，同时很骄傲地说："各位朋友，对不起，我刚才很无礼。但是，我从小就接受母亲的教诲，她总是告诉我每一美分都值得我们爱惜。"

说完这番话，麦卡锡不以为然地举起手中的半根雪茄给观众朋友们看，随后他还把雪茄烟塞进嘴巴里继续抽起来。现场的人们一片安静，很快就有人带头鼓掌，全场的人们都为这位亿万富翁爱惜半根雪茄的行为，给予了非常热烈的掌声。也许，大家还在赞赏麦卡锡母亲的教子有方呢！

生活如同一个巨大无比的竞技场，在这个竞技场中，我们每个人都是参赛选手，必须不遗余力地努力，勇往直前，才能征服生活，成为真正的强者。现代社会，越来越多的父母意识到子女将来会面临很严酷的生存环境和特别激烈的竞争。因而，父母在孩子很小的时候就开始培养他们勤俭节约的精神。朋友们，我们也要记住，不管我们是贫穷还是富有，我们都要尊重每一美分，都要珍惜和节约每一美分。

遗憾的是，现代社会，有很多孩子都是娇生惯养的"小公主""小王子"。他们对于自己不喜欢吃的东西，总是毫不珍惜地扔掉；对于他们喜欢吃的东西，又会不顾一切地吃个不停。他们养成了自私的心理，眼里和心里只有自己，从未把任何人看在眼里。试想，这样的孩子怎么会知道一粥一饭来之不易呢？记得大城市里的一个孩子在看到山区孩子吃不饱饭的时候，居然问"他为什么不吃面包喝牛奶呢"，不得不说，这是新时代教育的悲哀。

朋友们，我们大多出身平凡的人家，很多时候父母省吃俭用，才能给我们提供相对丰厚的物质条件，让我们过上衣食无忧的生活。所以，我们在享受父母的馈赠时，必须领会到父母的苦衷，这样我们才能更加体谅父母，也才能理解父母的良苦用心。

不抱怨，要感恩

对于生活，很多人总是充满抱怨，他们不但抱怨父母没有把他们生养得更高大强健、漂亮美丽，还会抱怨父母没有为他们提供优越的生活条件。长大成人之后，他们抱怨社会，对他人充满怨恨，总觉得别人似乎欠了他们什么。在这样的心态下，他们怎么可能拥有幸福快乐的生活呢？对于生活，对于感恩，法国著名的科学家、两次获得诺贝尔奖的居里夫人说，“一个人无论有多大的成就，都应该饮水思源，都应该知道自己最初的种子来自于值得尊重和永远感恩的老师”。我们国家，古人也曾说，“知恩图报，善莫大焉”。这句话告诉我们，每个人必须懂得感恩，远离抱怨。

感恩生养你的父母，是他们给了你生命，把你带到这个世界上；感恩在你成长路上始终陪伴和帮助你的朋友，是他们让你远离寂寞，也给你的生命带来更多的快乐；感恩你的爱人和孩子，是他们使你享受到天伦之乐和为人父母的欣喜；也感恩你的对手，如果没有他们的存在，你不可能进步得如此之快；还要感恩你的敌人，如果没有他们的伤害，也许你至今还没有获得如此快速的成长……感恩一切，感恩生命，感恩阳光雨露和每一株小草，让我们的生命变得如此温暖美丽，充满力量。细心的朋友会发现，那些生活中幸福快乐的人，那些人生中成就巨大的人，他们都是懂得感恩的人，都是能够宽容对待别人、对别人的滴水之恩报以涌泉的人。

其实，小生命从呱呱坠地开始，一直在接受这个世界的馈赠。当我们以感激的眼睛看着这个世界，我们得到的是柔情；当我们以怨恨的眼神看着这个世界，我们得到的是懊悔和憎恨。怀有怎样心态的人才会生活得更快乐呢？相信每个聪明的朋友都会做出明智理性的选择，也会做出正确的判断和选择。我们只有拥有发现美的眼睛，才能看到这个世界上更多的美好。

偏偏现在有很多人不知道感恩，更有甚者对于生养自己的亲生父母，也心怀怨恨。不得不说，这是人性的缺失，也是社会的倒退。当然，感恩不是勉强而来的，而是发自内心的感激之情。我们唯有内心如清泉涌流，才能常怀感恩之心。中国人自古崇尚礼尚往来，我们的确只有感恩，才能善待他人，也才能得到他人的善待。朋友们，就让我们的胸膛中跳动起感恩之心吧，相信我们的心一定会因为感恩变得明亮，因为感恩变得胸怀博大，纤尘不染。

从某个角度而言，感恩还是一种生活态度。感恩绝不仅只局限于对某个人或者某个事物的态度，而是对于整个生活的态度。那些因为仇恨社会做出冲动犯罪之举的人，一定不是感恩的人。感恩并非简单的报恩，而是我们对于整个社会和全人类的友善态度。朋友们，希望我们能够常怀感恩之心，让我们的人生充满阳光，美丽绚烂。

第 08 章

控制心中的欲望，狠心离开困住你的舒适区

人生，从本质上来说，其实是由欲望支撑起来的。我们正因为渴望得到很多，也迫不及待地想要改变人生，获得成功，所以才能在人生路上不断砥砺前行，哪怕遇到艰难坎坷，也从不放弃。其实，很多时候并非困难阻碍了我们，相反，我们是被安逸的生活困住了，所以才会斗志低迷，不知道如何才能更好地控制心中的欲望，挣脱人生的“困境”。

挣脱欲望的囚牢，放飞心灵

毋庸置疑，生活在这个世界上，每个人都有很多欲望，都希望得到好的东西，拥有更多的美好。然而，这个世界上实在是有太多美好的、值得人们追求的东西，我们总是希望自己拥有得更多，但是却不知道自己已经在不知不觉中变得越来越贪婪，心灵也渐渐迷失了方向。为了让人生变得更加轻盈，也为了让我们的心灵变得更美好，我们应该努力挣脱欲望的囚牢，从而才能放飞自己的心灵，让自己的人生变得更加丰盈厚重，也更充实美好。

人生是否充实有意义，与我们的人生付出并非成正比，当然，与我们的欲望强弱更是会背道而驰。生活中有个奇怪的现象，有些人欲望很强，迫不及待地想要得到世界上美好的一切，但是遗憾的是，他们总是事与愿违，导致人生不能如愿。有些人则与前者恰恰相反，他们无欲无求，对于人生没有太多的欲求，因而始终能够降低自己的欲望，从而做到在寂寞中坚持，在诱惑中坚持，所以能够挣脱欲望的囚牢，反而得到命运丰厚的馈赠。为了保持内心的纯粹，我们必须懂得如何割舍内心深处不切实际的欲求。遗憾的是，有很多人对于人生感到不满足，所以我们必须珍惜拥有，也要得到更加美好的人生。

作为美国大名鼎鼎的船王，哈利富极一时，等到年岁渐长，儿子小哈利也渐渐长大，所以他对哈利说："等你23岁，我就让你掌管公司的财政大权。"出乎意料的是，在小哈利23岁生日的时候，老哈利带着儿子走进赌场，并且给了儿子两千美元，教会他赌博的技巧之后，只叮嘱他不要把所有的钱都输光，就离开了。尽管小哈利连连点头，老哈利还是再三告诉他一定要留下500美元。小哈利按照父亲的叮嘱做出了保证，最终却在赌桌上输得分文不剩。小哈利告诉父亲，他原本以为自己能够回本，但是却输得非常惨。老哈利借此机会告诉小哈利："你还可以进赌场，但是你必须自己挣钱。"小哈利自己去打工，足足一个月时间才挣到700美元。当他怀揣着500美元再次走入赌场时，提前告诫自己要至少留下一半的本钱。遗憾的是，小哈利真正走入赌场之后，再次失败了，他又输掉了所有的身家。

老哈利对于小哈利的表现沉默不语，小哈利说自己再也不想进赌场了，他很沮丧，对自己完全失去信心。不过，老哈利的态度出乎小哈利的意外，他坚持要求小哈利再次走进赌场。老哈利告诉儿子："在这个世界上，赌场是最冷酷无情的。人生也如同赌场一样残酷和激烈，你必须继续下去。"无奈之下，小哈利只好再次出去打工，为自己挣钱积累赌资。这次，直到半年之后，他才第三次走进赌场。然而，他依然失败了，总是输掉赌局。不过，他终于战胜自己，在还剩下一半赌资时，头也不回地走出了赌场。他第一次感受到赢的感觉。老哈利这时赶紧点拨儿子，说："你现在应该知道，你走入赌场不应该是为了赢钱，而是要战胜自己，成为自己的主宰。"从此之后，小哈利每次进赌场的时候，都把输钱控制在自己所有资本的10%，从而做到保本。随着时间的流逝，小哈利渐渐熟悉赌场上的技巧，开始赢钱。有一次，他非但没有输，反而还赢得了几百美元。此时，站在一边的老哈利警告小哈利，要及时离开赌桌。但是小哈利第一次尝到赢钱的甜头，根本不愿意收手。果不其然，很快情况急转直下，小哈利突然接连输了好几场牌局，再次成为输家。

一年之后，老哈利再去赌场，发现小哈利俨然已经成为经验丰富的赌徒，不管输赢，都绝不超过本金的10%，再也不会陷入欲望的深渊，而是能够成功地主宰和操控自己。老哈利看到小哈利的进步，感到激动不安，因为他很清楚只有能够在输赢时成功控制自己的人，才能成为人生的赢家。老哈利下定决心，要让小哈利主宰公司的财政大权。对此，尽管小哈利以自己不懂得公司业务为由感到无法胜任，但是老哈利却非常信任小哈利，说：“业务知识很快就能熟悉和了解，大多数人之所以失败，并非因为不懂业务，而是无法控制自己的欲望。”老哈利毅然决定，将上百亿的公司财政大权交给小哈利。老哈利心知肚明，能够主宰自身欲望的小哈利，一定能够奔向成功。

其实，我们都知道人生最大的收获，就是快乐与幸福。任何时候，欲望与我们的生活感受并非是呈正比的。反而欲望越低，我们越是能够回归生活的本真状态，感受到生活的快乐。人生苦短，生命转瞬即逝，我们必须抓住命运，扼住命运的咽喉，才能主宰命运。否则，我们贪婪的欲望越大，人生之中也就会失去更多，导致人生的苍白和无力。

知足常乐，不要陷入欲望的深渊

人们常说，知足常乐。古代先哲老子也曾说过，祸莫大于不知足，咎莫大于欲得。至今为止，这句话依然影响至深，人们从中洞察生命的意义，获得充实丰厚的人生。最近正在热播的影视剧《人民的名义》，深刻揭示了现代官场的现状，以及贪腐的严峻局势。虽然只是一部影视剧，但是却是“艺术来源于生活，更高于生活”。究其原因，我们每个人都要控制内心贪婪的欲望，从而让人生更加从容淡定。假如我们是高官，那么也会因为清心寡欲，而让自己成为人民群众拥护和爱戴的好官，从而成为真正的人民好公仆。

自老子之后，有很多人都提倡知足常乐。的确，大多数罪恶都来自于不知足，人们在欲望的深渊中滑落得越来越深，根本无法从容享受人生。然而，无数的春风得意之人，都因为贪婪导致坠入深渊，轻则成为阶下囚，重则走上断头台。不得不说，欲望对于人的负面影响的确很深。

然而，我们不能否定欲望对于人生的激励和促进作用。例如很多人之所以一路向前，不知疲倦，就是因为他们在欲望的驱使下动力十足，所以才能不断追逐人生，不断奔向自己的理想和目标。不过，人生的追求是永无止境的。我们要想把握人生，就要成为自己的主宰，控制自己的欲望，真正做到知足常乐。

很久以前，有个天使来到人间送信，却不小心睡着了，被人偷走翅膀，不得不遗落人间。天使失去翅膀，无法回到天堂，在人世间的生存能力甚至不如普通人。他又冷又饿，饥寒交迫，好不容易才来到一户人家门前。他敲着门，口中不停地说："我是天使，请开开门吧。"

这户人家的主人打开门，看到浑身湿漉漉的天使，问："你是天使，你有什么礼物可以送给我们呢？"天使为难地说："我失去了翅膀，无法回到天堂，所以什么礼物都没有。"这户人家听到天使的回答，马上关上门，说："既然你根本没有翅膀，也没有礼物，你就不是真正的天使。"

随后，天使又接连敲开第二户和第三户人家的门，但是都被拒绝了。直到敲开牧羊人的门，天使才得到牧羊人馈赠的衣服，换下湿漉漉的衣服。这时，他才有闲暇向牧羊人讲述自己的经历。牧羊人听完天使的讲述，说："就算你不是真正的天使，我也会给你热乎乎的食物。假如你没有其他事情可做，不如留在我的家里，和我一起放牧羊群吧。"天使想了想，觉得自己在人间的确缺乏生活的技能，因而选择留在牧羊人身边。

每次为羊梳理羊毛时，天使都会搜集那些掉落的羊毛，渐渐地，他积累了很多羊毛，终于可以为自己编织一双翅膀。有一天，他在牧羊人的注视下飞上天堂。几天后，天使特意从天堂回到牧羊人身边，感谢牧羊人。他满足了牧羊人的心愿，为牧羊人增加了一百只羊。然而，牧羊人感到很累，因为这么多羊，羊圈里根本盛不下。所以，牧羊人又向天使要了一座大房子。这样一来，虽然羊有地方住了，大房子打扫起来却非常辛苦。最终，牧羊人决定不要大房子，而是要一匹骏马。但是他骑着骏马在草原上纵横驰骋，却不知道自己要去哪里，无奈之下，他只好把马还给天使。天使继续询问牧羊人的心愿，牧羊人却疲惫地告诉天使自己不想要任何东西。天使很纳闷，反问："你们人类不是有着很多欲望的吗？"牧羊人无奈地摇摇头说："我拥有得越多，越发现那些东西都是累赘，根本不可能让我得到我想要的幸福快乐。”天使说：“我不如送给你一种举世罕见的珍宝，那就是性格。你告诉我，你想要拥有怎样的性格？”牧羊人微笑着接连摇头，说：“我已经有了人世间最好的性格，那就是知足常乐。”

的确，一个人即便拥有再多的钱财，也只需要睡一张床，吃一日三餐。所以，当拥有很多之后，人们才会发现拥有得越多，就会感到有越多的累赘，也会觉得人生其实并不需要那些身外之物。所以要想更好地面对生活，我们就要非常努力，奔向自己心目中的目标，而又要适当控制自己的欲望，让自己始终伴随知足的快乐，也更多地感受到人生的幸福安然。

当然，知足常乐并非自欺欺人，也不是掩耳盗铃，而是要清心寡欲，驾驭自己的欲望，主宰自己的人生。正如现在很多人提倡的简单生活一样，唯有极致极简，我们的人生才能渐渐回归生活的真谛与本相。举个最简单的例子而言，一个有钱人即使再富裕，但是却始终被欲望驱使着，那么他也是一个穷人，因为他得不到内心的宁静。反之，一个穷人即使再穷，如果能够安守自己的内心，从而让自己的人生平安喜乐，那么物质上的匮乏并不能减少他心灵上的幸福与安宁。

别让人生受制于欲望的焦渴

曾经有个女性去大海里捡泥螺。没想到，从未下过海的她在大海中没入腿部的淤泥中挣扎了没多久，就感到精疲力竭。此时，她距离岸边很远，却没有力气马上回到岸边了。又因为没有经验，没有随身携带喝的水，所以她不但累，而且渴，很快就觉得浑身乏力。这位女性渐渐感受到生命受到威胁，因而突然捧起海水喝了起来。身边有经验的同伴都告诉她海水越喝越渴，她却无法控制自己，不停地说：“我太渴了，我太渴了。”然而，她喝完如同泥浆般的咸涩海水后，果然觉得口中更加焦渴，因而感到昏天暗地。幸好后来有小木船经过她的身边，她才获救，回到岸边。

也许有人会说，只要带着淡水下海，不至于这么焦渴。的确，淡水能够解决人生理上的渴，却无法解决人心理上的渴。现代社会，随着物质的极大发展，人们对于物质的渴望越来越深刻，而且毫无限度，这也就直接导致人生陷入欲望的深海中，无法自拔。这种因为欲望导致的焦渴，是来自人的内心深处的，根本无法缓解，更无法让人生因此而得到救赎。所以明智的朋友们会更加积极主动地控制自身的欲望，摆正人生的位置，这样才能够最大限度地减少贪欲，从而为我们的人生奠定良好的基础，也不再因为欲望导致自己在欲海中浮浮沉沉，无限焦渴。最可怕的是，人会因为欲望的焦渴做出很多丧失理智的事情，当官的轻则丢掉官帽，重则陷入牢狱之灾，甚至是丢掉性命。普通人呢，也会因为被欲望牵绊，最终失去内心的平静安然，导致人生焦灼不安。

从这个意义上来说，一个人即便拥有得再多，假如无法做到知足常乐，也是会被欲望胁迫着接受人生被动的宣判。从本质上而言，知足常乐是一种心态，更是一种良好的人生状态。当然，人并非生而就懂得知足常乐的道理。要想让知足常乐成为人生的底色，我们就必须调整好自己的心态，也摆正自己在人生之中的位置。

一个人进入沙漠寻找宝藏，但是他的寻找徒劳无功，经历长久的努力，他依然一无所获。最可怕的是，经过长久的寻找，他的身边不但没有食物，连一滴淡水也没有了。他又渴又饿，精疲力竭，因而只能躺在沙漠中等待死神的到来。在生命即将结束的那一刻，他向上帝祈祷："上帝啊，请帮帮我吧。"上帝真的出现在他的眼前，他赶紧说："我又饥又渴，想要食物和水，哪怕只有很少也行。"上帝满足了这个人的请求，他狼吞虎咽，吃饱喝足，渐渐恢复了精力，因而又起身朝着沙漠深处走去。他始终梦想着沙漠深处的宝藏，不愿意轻易放弃。很幸运，他的确支撑着走到沙漠深处，找到了宝藏。等到他贪婪地把身上所有的口袋都装满宝藏之后，他的体力持续下降。他一边怀着憧憬走出沙漠，却在途中不得不因为体力不支不断地丢掉那些宝藏。最终，他还没有走出沙漠，就精疲力竭地倒在沙漠里。这次，他又向上帝祈祷，他告诉上帝他需要大量的食物和水，要取之不竭，用之不完的。毫无疑问，上帝没有满足他的贪欲。

在这个人即将死去的时候，上帝其实给了他机会，让他逃生。遗憾的是，他一心一意只想着沙漠深处的宝藏，没有趁着体力好的时候走出沙漠，却背道而行，走向沙漠深处。最终，他虽然幸运地找到了宝藏，却根本没有好运气把这些宝藏带出沙漠。不得不说，人直到面对死亡时，都无法逃脱欲望的魔爪。欲望是永远难以填平的沟壑，欲望越多，人就越是不容易满足。因而要想知足常乐，最重要的不是无节制地满足欲望，而是要控制自身的欲望，避免在欲望的海水中越喝越渴。

功夫到家，才能如愿以偿地收获

“滴水穿石”“绳锯木断”，一直以来，人们都用类似于这两句的语言，激励自己或者他人坚持不懈，怀着坚韧不拔的毅力，度过人生的坎坷困境，成就人生的辉煌灿烂。遗憾的是，熙熙攘攘的人群中，真正能够获得成功的人是少数，大多数人都在抱怨命运不公平，所以才会被失败纠缠。

归根结底，人生能否如愿以偿，并非只取决于运气，而是取决于人的付出和努力。所谓水沸茶自香，功到自然成。任何时候，我们的点滴付出必须不断积累，持之以恒，才能静下心来，在经过持续地积累和沉淀之后，一步一个脚印踏踏实实地走好人生之路。

在这个世界上，绝没有一蹴而就的成功。很多时候，我们看着他人获得成功，却发现自己想要成功，还有很长的路需要走。那么，不要只顾着羡慕他人的成功，我们要做的就是从点点滴滴做起，汇聚涓流成为沧海，才能实现人生的追求，领悟人生的真谛。

很久以前，有个年轻人因为屡屡遭受不顺，因而心情低落，万念俱灰。看不到人生希望的他来到深山老林中，邂逅了一座古刹，走到古刹中，拜见主持大师。他先是给古刹捐了一些香火钱，然后才问主持大师："大师，我的人生为什么总是充满了坎坷与挫折，简直看不到任何光亮和希望，我都想放弃人生了。"大师听着年轻人的倾诉，沉默不语，最终吩咐身边的小徒弟："施主心怀善念。你去提一壶温水过来。"很快，小徒弟就提着一壶温水送过来了，主持赶紧拿出杯子，拿了一些茶叶放入其中，然后就用温水泡茶，将其摆放在年轻人面前的矮柜上。杯子中的热水冒出白气，茶叶却漂浮在上面，不愿意舒展身体沉入杯子底部。看到主持依然默不作声，年轻人终于忍不住，问主持："请问师父，您为何用温水冲泡茶叶呢？"主持笑而不语，示意年轻人品味茶香。年轻人出于礼貌，端起茶杯喝了一口，却觉得没有任何茶香味道。因而，他不停地摇头，说："茶是好茶，可惜用温水，浪费了这撮茶叶。"

主持这时又吩咐小徒弟："去提一壶滚烫的热水来。"小徒弟领命而去，很快就提着一壶正在沸腾的热水走了回来。主持像之前那样拿出杯子，放入茶叶，然后把沸水缓缓注入茶杯中。果然，在沸水的冲泡下，茶叶不停地舒展身体，在茶杯里沉沉浮浮，很快就绽放出奇异的香味，使人闻之口舌生津。

年轻人正准备端起这杯茶，主持用手势示意他稍等，只见主持再次提起水壶，朝着茶杯中注入沸水。果然，茶叶不停地上下翻滚，年轻人闻到更加浓郁的香味。就这样，主持五次提起水壶，朝着茶杯中注入沸水，杯子才被倒满水。看着晶莹剔透的茶水，年轻人贪婪地嗅着清香的味道，感受着沁人心脾的清爽甘甜。这时，主持再次询问他："施主，这杯茶和刚才那杯茶所用的茶叶，是完全相同的，觉得如何呢？"年轻人难以置信地摇摇头，说："一杯是温水，没有茶香，一杯是沸水，满室茶香。"主持点点头说："的确，水温不同，茶叶的状态也各不相同。温水冲泡的茶叶，茶叶漂浮在上面，根本不可能释放出香气来。而沸水反复冲泡的茶叶，不停地舒展身体，最终释放自己所有的香气，因而满室生香，使人口舌生津。人生也是如此，简单的冲泡，根本无法释放出人生真谛。我们唯有保持内心的淡然，经受住命运的磨难，最终才能收获圆满的人生。”

水沸茶自香，功到自然成。正如古人所说，“天将降大任于斯人也，必先苦其心志，劳其筋骨，饿其体肤，空乏其身，才能动心忍性，增益其所不能”。的确，一个人要想成就大器，必须先经受命运的磨难，才能最大限度地发挥自身的积极主动性，从而让自己真金不怕火炼。

朋友们，不管你觉得自己多么有能力，都要耐下心来认真体察人生的各种境遇，从而最大限度发展自己的人生，成就自己的人生，也让自己获得最美满的人生。

人生多诱惑，心静自然凉

人生是短暂的，如同白驹过隙，幸福快乐的时光转瞬即逝，然而在艰难的时候，每一分每一秒都是难熬的。虽然少数人的人生看起来是非常成功的，无比光鲜荣耀，但是大多数人的人生却是平凡的。尽管我们总是把“人生可以平凡，但却不能平庸”的口号挂在嘴边，然而我们却无法改变使人遗憾的事实，即大多数人的人生都是平庸的。

在琐碎的生活中，我们常常无奈地重复单调枯燥的生活，也必须忍受生活中那些鸡毛蒜皮、不值一提的小事情。毋庸置疑，不管我们多么心有不甘，命运都注定让我们接受生活的平静淡然和繁琐。为了避免生活继续沉沦下去，我们必须端正心态，不要浮躁地面对生活，而要始终保持心静。既能接受生活的平庸和繁琐，也能坦然面对命运的坎坷和磨难，更能够从容拒绝人生中的诸多诱惑，从而让自己的人生淡定平和，从容不迫。很多朋友都知道，人尽管很大程度上受到客观外界的影响，但是更多的时候，人生的状态取决于人的心态。

所谓心态决定命运，说的就是这个道理。所以从现在开始，朋友们，不要再抱怨自己命运不好，也不要抱怨自己工作不够理想。要知道，那些成功者之所以能够获得成功，就是因为他们勇敢地突破了人生的局限，改变了命运，而且还坚信“三百六十行，行行出状元”的道理，从而始终兢兢业业，勤奋刻苦，最终在平凡的道路上创造了属于自己的辉煌人生。

实际上，在喧嚣的现代社会，对于不甘于寂寞的现代人而言，寂寞是最难以忍受的。众所周知，这个世界上没有任何一蹴而就的成功，这也就注定了我们走向成功的道路上，必然要忍受寂寞与孤独，有的时候还要坚持自己的想法和做法，忍受别人无情的嘲弄和讽刺。只要我们怀着一颗坚定不移的心，就一定能够战胜这些困难，始终保持着积极奋进的心态，从而奔向人生的成功目标。当我们真的战胜寂寞，其实我们距离成功也就越来越近了。

很多人都喜欢刘若英淡淡的声音，对于刘若英的铁杆粉丝而言，他们更清楚刘若英在成名之前的寂寞心路。对于美女如云的演艺圈而言，刘若英无疑不是最漂亮的，甚至长相很普通，这一度在她勇敢追随自己梦想的道路上形成了阻碍。当初为了获得成功，刘若英不但亲自到处发放自己录制的小样，而且还想方设法到与演艺圈相关的地方打工，从而为自己争取更多的机会。

曾经，有位歌坛上大名鼎鼎的音乐人在认识刘若英之后，毫不留情地对刘若英说：“你相貌平平，而且声音也没有什么特色，我觉得你还是放弃唱歌这条道路吧。”对于心怀梦想的刘若英而言，这句话的杀伤力可想而知，但是刘若英并没有因此而气馁，更没有放弃自己的梦想，而是继续在与演艺有关的公司里从事着最繁琐的助理工作。为了实现梦想，她始终在距离自己梦想最近的地方漂泊。终于功夫不负有心人，刘若英的坚持和默默付出，终于得到了回报。她得到了知名音乐人的赏识，这个人就是她的师父陈升。在陈升的推荐和努力帮助下，刘若英终于正式踏上演艺之路，这也是刘若英为何至今对师父依然心怀感激的原因。

在坚守梦想的过程中，刘若英也必然会面对很多诱惑。尤其是当坚持没有效果的时候，刘若英必然因此时常感到沮丧失望。然而，她却始终忠于梦想，而且为了实现自己的梦想，一直兢兢业业地付出。要知道，梦想总是在人生的不远处，对于执着的人而言，梦想时常触手可及。然而，有些人却因为禁不住诱惑，导致渐渐偏离人生的方向，远离梦想，这也直接导致他们追梦的失败。所以朋友们，在实现梦想的过程中，不管面对冷嘲热讽还是真心赞美，我们都要足够淡然平静，这样才能最大限度地拒绝诱惑，受得住清贫和寂寞，从而始终为了梦想砥砺前行。

正如人们常说的，耐得住寂寞，才能守得住繁华，这恰恰是人生的真实写照。我们唯有成功度过人生之中的艰难坎坷，才有机会收获人生的美好，也才能让自己的心在人生的旅途中不断沉淀，变得厚重坚实。

品味寂寞，才能畅享人生

现代社会，几乎每个人都在不遗余力地追求成功，最终却发现，成功并非一蹴而就的，更不是触手可及的。在追求成功的道路上，我们往往要付出很多的艰辛和努力，最终才能有所收获，也才能获得人生的美好和充实。更有很多朋友总是羡慕成功者的光环，殊不知，成功者并非天生就得到成功的青睐。在真正获得成功之前，他们不知道吃了多少苦，坚持了多长的时间，最终才能守得云开见月明，在面对人生时终于能够如愿以偿。

很多人面对人生的坎坷困境，选择放弃。殊不知，不断尝试或许会失败，但是至少还有或多或少成功的概率，但是一旦放弃，就注定了我们一生彻底地沉沦，与成功绝缘。因而我们要说，我们与其因为放弃而永远失败，不如在尝试的过程中品味孤独与寂寞，在不甘于放弃的人生中继续努力前行。这样，我们或许会失败，但是同时也会拥有成功的机会。

说到这里，也许有些朋友会说，很多时候陷入人生的绝境，不管多么努力都是无法改变现状的。其实不然。世界上的万事万物都处于随时随地的变化之中，我们与其放弃希望，彻底绝望，不如始终心怀希望，让自己在看似存在的绝境中继续努力，这样一来，随着事情的发展变化，我们至少能够寻找到新的契机。正如人们常说的，机会只属于有准备的人。否则一旦我们彻底放弃了，哪怕出现新的契机，我们也会因为毫无准备、手足无措，感到不知如何是好。如此一来，我们如何能够改变人生，畅享人生呢！

遗憾的是，现实社会中，越来越多的人急功近利，不愿意安守寂寞。随着生活节奏越来越快，工作压力越来越大，人们变得更加浮躁，根本不愿意坚守自己的内心，总是因为眼前微不足道的利益，就放弃自己的梦想，从而导致人生随波逐流，就像无根的浮萍。毋庸置疑，这样的人生是很难有所成就的，而且也根本不可能让我们拥有令人辉煌瞩目的成就。

小江大学毕业后，没有回到位于农村的家乡，而是留在了这个繁华的大都市。当拿到第一个月的薪水时，他激动不已，觉得自己终于能够挣钱养活自己了，因而满心欢喜。但是，几个月过去，小江对于自己的现状越来越不满意，因为他的目标不仅仅是养活自己，还要帮助迄今为止依然在家乡面朝黄土背朝天的父母改变命运。无疑，小江是个孝顺的孩子，因而他很快就立下自己这几年的宏伟志向，那就是尽快积累钱财，为父母在城市里买套房子，让他们来到自己的身边生活。

即便小江已经非常节约了，但仅凭着微薄的薪水，依然无法很快地攒钱。要知道，他每个月不但要支付房租，还有饭费、交通费、通讯费等诸多开支，和他一起大学毕业进入公司的新同事，很多都需要向父母要求支援呢，小江能够做到收支平衡，已经很不容易了。渐渐地，他开始萌生出跳槽的念头，想要骑驴找马，一边心不在焉地做着手头上的工作，一边寻找薪水待遇更好的工作机会。出乎小江的预料，上司很快就感受到他对于工作的漫不经心。尤其是当小江的工作表现越来越差时，上司决定不再容忍小江，找到小江进行谈话。没想到，上司才刚刚说了几句，小江就厌烦地反驳："这么低的薪水，我只能把工作做到这个份上。"这句话惹恼了上司，原本犹豫不决的上司当即决定辞退小江。就这样，小江不但没有找到更好的工作，反而失去了这份还不错的工作。

后来，功夫不负有心人，小江花了一个多月的时间，的确找到了比此前工作的月薪高出五百元的工作。然而，他在兴奋欣喜之余，却养成了这山看着那山高的不良心态，最终工作半年之后再次跳槽。就这样，在毕业之后的五年之中，小江不断跳槽，看似工资涨了很多，但是实际上他每次跳槽都需要花费一两个月的时间找工作，因而整体合算下来，他的年收入反而降低了。最重要的是，因为频繁跳槽，他从未在任何一家公司踏踏实实地工作过，因而也就毫无资历可言。与他的经历截然不同的是，他的很多同学们自从大学毕业就在同一家公司工作，如今随着公司的发展壮大，他们自身也在不断成长，现在已经成为公司中层领导，不但职位比小江高，薪水也比小江高出很多，还有位同学都已经成为老板的合伙人了呢!

对于初入职场的大学生而言，最怕的就是骑驴找马，对于手中的工作敷衍了事，却又在不停地寄希望于寻找到新工作，获得高薪。天上不会掉馅饼，世界上也绝没有免费的午餐。任何时候，我们要想收获，就必须首先告诫自己要持之以恒、坚持不懈地付出。很多人都曾经听说过小猫钓鱼的故事，我们也和小猫一样要从中吸取教训，不要为了一只飞来飞去的蝴蝶，让自己白白浪费时间，到最后连一条鱼都没有钓到。

尤其是对于很多职场上的朋友而言，任何情况下，我们都要积极努力地付出，从而不断学习，为自己积累知识，丰富经验，最终才能成为有资格要求老板加薪的职员。否则，如果我们自身毫无进步，只是凭借跳槽时投机取巧多得到一点儿薪水，其实是得不偿失的。所以朋友们，让我们静下心来，守住人生的寂寞吧。唯有如此，我们才能更加从容地享受人生，也真正领悟人生的真谛。

耐不住寂寞的人，也无法获得成功

很少有人能够忍受孤独与寂寞，更少有人喜欢孤独与寂寞。现代社会，看似到处都非常热闹，无比喧嚣，实际上，寂寞的人越来越多。当我们的见解得不到他人认可的时候，我们会感到寂寞；当我们的人生一路相伴无人的时候，我们感到寂寞；当我们的人生遇到困难无法逾越的时候，我们感到寂寞；当我们“琼楼玉宇，高处不胜寒”的时候，我们同样感到寂寞……不得不说，寂寞与我们如影随形。在人生之中，我们如果不能耐得住寂寞，就会无处遁形，因为寂寞无处不在。

现代社会，到处都人声嘈杂，而且因为对成功的追逐，人们更是希望能够马上获得成功，最好省略成功的一切步骤，让成功一蹴而就。实际上，我们尽管很想验证自身存在的价值，但是却无法逃过寂寞的关卡。因而有人说，对于人生而言，寂寞是一大课题，也是一大难题，更是一大境界。耐得住寂寞的人，往往富于思考的精神，保持着清醒与理智，而且非常执着，对于人生坚定不移。在现代社会，耐得住寂寞是一种难得的品质。因为面对金钱名利与权势，还有形形色色的欲望与诱惑，我们唯有耐得住寂寞，才能受得住清贫，也才能守住我们的做人的原则和底线，从而实现人生的伟大志向和远大理想。

所谓欲速则不达，其实很多事情都是遵循这个道理的。记得小时候，我们都曾经学过“揠苗助长”的故事，知道人不应该违反大自然的生长规律，强制农作物生长，也知道凡事都要遵循规律，循序渐进。然而，一个人如果耐不住寂寞，就会急功近利，在成功面前按捺不住，最终导致距离成功越来越远。所以社会上有一种很奇怪的现象，即那些投机取巧的人也许短时间内能够占据优势，但是日久天长，反而落后了，欲速则不达。所以，不管是生活还是工作，我们都要兢兢业业，脚踏实地，才能一步一个脚印地走向收获与成功。

尤其是在现代职场上，尽管大多数情况下人们都是凭借能力和才识取胜，但是少数情况下，人们虽然出类拔萃，却会因为各种各样的原因，导致自身无法得到上司或者领导的赏识。在这种情况下，因为各种错综复杂的关系，坐冷板凳就是在所难免的。这时，我们是怒吼一声为自己鸣不平，还是静下心来，忍受暂时的冷遇呢？当然，如果你有自信在更好的单位得到更好的礼遇，那么你当然可以拍拍屁股走人。但是，事情并非我们想象的那么美好，更多的时候，我们即便跳槽换单位，也未必能够得到更好的对待。所以，我们与其冲动行事，使得事情更糟糕，不如忍受一时之气，忍耐暂时的冷板凳，也许我们寂寞地坐热冷板凳，我们的职业生涯也就会就此逆转。

刘博士刚刚进入华为的时候，正赶上华为提倡让博士“上山下乡”，进入生产一线实地学习和锻炼。为此，刘博士直接进入基层开始实习，后来转正后，被安排研发电磁元件。作为颇具实力的博士，刘博士根本不知道自己明明很擅长电力电子专业，为何领导要做出这样的安排。他心里认为领导让他从事研发电磁元件，实际上是大材小用，让他这个博士坐冷板凳，但是他转念又一想，毕竟要工作，那就服从安排吧。就这样，他接受电磁元件的工作。没想到屋漏偏逢连夜雨，刘博士刚刚进入公司不到三个月，电磁元件突然出现重大故障，导致公司损失了很多订单，直接造成严重的经济损失。无奈之下，时势造英雄，公司领导只好把这个棘手的问题交给刘博士解决。

在公司工程部门的全力支持下，刘博士进行了很多次实验，最终才初步形成设计思路。在经过持续六十天的奋战后，他终于成功地攻克难关，从而使电磁元件的返修率从18%降低到零返修。这样一来，公司每年用于返修的费用就大大降低，刘博士成功为公司节省了至少110万元的成本。这件事情之后，刘博士意识到公司领导的苦心，从而对待工作认真谨慎。他感慨万千地说：“虽然电磁元件看似无关紧要，但是这个小小的零件却很好地为我上了一课。我为了攻克电磁元件的故障，足足花费了两个月的时间稳坐冷板凳，最终才彻底解决问题。”

的确，即便是对于大博士，小小的电磁元件问题也能耗费他两个月的时间。直到彻底解决问题，大博士心中的忐忑不安才彻底消除，否则他作为博学睿智的大博士，还真是无法面对“电磁元件故障问题”，更无法对得起领导的托付和信任。朋友们，我们也许和刘博士一样学识渊博，也许学历只是普通的本科，甚至是大专、中专。但是，我们完全无需因为工作的安排而愤愤不平，要知道三百六十行，行行出状元，而且每一个不起眼的岗位都要求我们必须非常勤奋刻苦，才能圆满完成任务。因而我们必须记住，千万不要轻敌，更不要因为轻敌把冷板凳越坐越冷。我们唯有努力付出，坐热冷板凳，证明自己的实力，才能把原本夹生的饭完全做熟，甚至做得美味异常。

第 09 章

约束无用情绪，掌控好情绪让你离成功更近一点

人是情感动物，也是情绪动物，很容易情感上波澜起伏，情绪上激动不安，所以在人生路上，每个人都要持续不断地与自己的情绪做斗争，想方设法成为情绪的主人，掌控情绪，才能收获人生，距离成功更近一点。可以说，一个真正的强者，不但要能够掌控自己，战胜敌人，更要能够约束自身的无用情绪，掌控好自己的有效情绪。

学会忍耐，才能合理约束自我情绪

一个真正的强者，是身强体壮，还是能力超群，抑或者是像很多现代人一样，自诩有着狼的野心和精神，能够朝着目标不懈努力？这些人毋庸置疑都很强大，但是又不是真正的强大，因为真正的强大，是我们必须学会忍耐，学会在变幻莫测的世事之中，合理约束自己的情绪，从而成为自身的主宰，这才是强者所为。

毫无疑问，人是群居动物，尤其是在现代社会，人们之间的分工与合作越来越密切，不管是在生活还是在工作中，我们都要加强与他人的联系，才能让自己生活得更好。然而，人与人之间除了血缘至亲之外，原本并没有太多的交集。尤其是对于陌生人而言，不管是家庭环境、成长背景、人生经历还是教育经历等，都是完全不同的，这也就注定了他们的人生观、价值观和世界观的不同。在这种情况下，陌生人要想和谐相处，当然是天方夜谭。人与人之间总是有摩擦和矛盾的，正如人们常说的，牙齿还会咬到嘴唇呢，更何况是人与人之间呢！认识到这一点，想必朋友们对于彼此之间的摩擦和争执，都会感到理所当然，也能够更加相互宽容和体谅。

其实，要想处理好与他人之间的关系，为自己的生活与工作带来便利，最关键的就在于要合理约束自己的情绪。哪怕是与他人起冲突了，或者产生争执了，也要放平心态，做到从容以对。当然，一味地忍耐是很难消除心中的怒气的，我们还要修炼和提升自己的心境，从而帮助自身更好地认识到自身的问题，以便让自己心胸开阔。

别说我们作为普通人整日都要面临烦恼，就算是那些成功人士，也同样需要面对人生的各种烦恼和困苦。而且，他们就算有再大的权利和再多的钱，终有一日也会感到无能为力，产生深深的挫败感，在磨难面前败下阵来。说到底，人的失败是因为心中认输了。假如我们面对挫折和磨难，始终心怀希望，那么我们至少可以在磨难中崛起，或者争取到新的机会，赢得转机。

在西藏，有个穷人名叫艾迪巴。艾迪巴家境贫穷，他有个很奇怪的习惯。每当他与人发生争执，并因此而生气的时候，他就会飞速跑回家里，绕着自己的破旧的房子和小小的土地跑三圈。然后，他坐在田埂上气喘吁吁，很快就能平心静气。艾迪巴非常勤奋，每天天不亮就起床下地干活，直到日落三竿，他才回家。随着时间的流逝，他的土地越来越多，房子越来越大。然而，他依然保持着那个奇怪的习惯，只要生气，马上回到家里绕着房子和土地跑三圈。周围的人全都对艾迪巴的表现心生疑惑，但是不管他们如何询问，艾迪巴从来不透漏自己心中的秘密。

光阴荏苒，艾迪巴越来越老了，他的房子是全村最大的，土地是全村最多的。有一天，他与人争执，再次气愤不已，因而拄着拐杖、喘着粗气，绕着自己的房子和土地走着。直到太阳落山，他好不容易才走了三圈，独自一人坐在田埂上气喘吁吁。孙子坐在艾迪巴身边，伏在他的膝盖上，不停地问他："爷爷，您已经这么老了，拥有全村最多的土地和最大的房子，为什么一生气的时候，您还是和以前一样要绕着房子和土地跑呢？您告诉我到底是为什么吧！"禁不住孙子的苦苦哀求，艾迪巴这才透漏自己内心的秘密："年轻时，我每当与人争执，就绕着房子和土地跑，一边跑一边告诉自己，'你的房子这么小，你的土地这么少，你有什么资本和别人争执斗气呢'。这样一想，我就心平气和，不再生气了。我把所有的时间都用来努力工作，挣钱，买地，盖房子。"孙子还是疑惑不解，问："爷爷，可是你如今已经这么老了，变得如此富有，你为何还要这么做呢？"艾迪巴笑着告诉孙子："如今，我依然会因为情绪冲动而生气，我还要用这个方法来帮助自己平息怒气。我一边绕着房子和土地走，一边告诉自己，‘我的土地这么多，我的房子这么大，我根本无需与他人斤斤计较，自找气生’。想到这里，我就会怒气全消。”

原来，艾迪巴就是用绕着房子和土地跑三圈的方式，来帮自己控制情绪，从而恢复情绪平静的。人生在世，我们难免情绪冲动，因此我们必须学会合理控制自身的情绪，从而让情绪始终平静可控，也能够帮助我们保持清醒和理智。这样一来，即便遭遇人生的痛苦与磨难，或者是他人的恶意挑衅，我们也能够从容应对，从而把磨难变成人生的财富，把别人的故意刁难变成我们的自我提升和历练。

愤怒是魔鬼，只会使事情越来越糟糕

常言道，生气是用别人的错误惩罚自己。这句话说得很有道理，而且放之四海而皆准。任何人面对别人的伤害，如果心中不能释然，则会被别人的错误伤害地更深。在这种情况下，我们岂不是用别人的错误惩罚自己吗？而且，心中愤怒不能释然的人，也会始终满怀怒气，导致自己陷入冲动的怪圈，做出让自己追悔莫及的事情来。这样一来，愤怒非但于事无补，反而会导致事情越来越糟糕，使得事情的发展不断恶化，出人意料，最终无法收场。

西方国家曾经有心理学家进行过相关实验，证明人在愤怒的情况下呼出来的气体是有毒的。由此可见，人体必然因为愤怒，导致身体产生毒素。其实，愤怒对于人外观的改变也是非常明显的，人在愤怒的时候往往面色铁青，脸色巨变，怒目圆睁，而且声音嘶哑，导致情绪起伏不平，激烈不安。如此一来，必然浑身颤抖，血流贲张。而且，盛怒之下，人体也会加剧分泌肾上腺素，从而导致心率加快，气血上涌，所以自古以来才会有很多人会被气死。在古代人们也许不知道是如何气死的，但是现代医学如此发达，我们很轻松就能判断出人因为情绪激动或者导致血压升高，或者导致心脏剧烈跳动，最终突然暴死。

不得不说，这是癌症的“终极版”，真是一命呜呼，也让人感到非常悲哀。

不过，无论愤怒的表现多么明显，我们都不能否定的事实是，愤怒除了使人歇斯底里之外，对于事情的解决根本没有起到好的作用。从解决问题的角度而言，愤怒真的不是好的选择。要想解决问题，我们就要控制自己的情绪，远离愤怒，保持理智，妥善解决问题。

很久以前，有个小男孩脾气暴躁，冲动易怒，因而很多人都不喜欢他。为了帮助小男孩改变容易愤怒的坏习惯，小男孩的父亲有一天买了很多钉子交给小男孩，并且叮嘱他每次生气的时候，就拿出一颗钉子钉在后院中的木栅栏上。第一天，小男孩就拿出三十多颗钉子钉在木栅栏上，这意味着他一天之中生了三十多次气，发了三十多次脾气。

看着木栅栏上触目惊心的、密密麻麻的钉子，小男孩这才意识到自己愤怒的次数实在太多了。为此，他渐渐学会控制自己的愤怒，每天钉在木栅栏上的钉子，都比前一天更少一些。几个星期之后，他钉在木栅栏上的钉子越来越少了。而且，他发现和朝着木栅栏钉钉子相比，控制自己的怒气显得更容易一些。最终，小男孩再也不随便乱发脾气了。看到小男孩的转变，父亲语重心长地说：“从现在开始，假如你能够在整整一天的时间里坚持不发脾气，那么你就从栅栏上拔掉一颗钉子。”经过漫长的努力之后，小男孩才把所有钉子都从木栅栏上拔掉。然而，父亲感慨地对他说：“儿子，你如今表现得越来越好。不过，你看看那些木栅栏上的钉子孔，触目惊心，这些木栅栏再也恢复不到以前的样子了。其实每次你向别人发脾气，都会在别人的心里留下疤痕。无论你后来脾气是否变好，这些疤痕都会存在。这就像是用刀子刺向他人的身体也会留下伤疤一样，不管时间过去多久，刀痕都会存在。”

这个愤怒的小男孩，终于在父亲的帮助下改变了自己的坏脾气，木栅栏上那些触目惊心的伤痕，也会时刻提醒他控制好自己的怒气，远离怒气。父亲的话说得很对，每一次愤怒，都会伤害那些深爱我们的人。因此朋友们，我们必须控制自身的怒气，才能最大限度调整自己的心态，让自己做到幸福快乐地生活。记住，愤怒是魔鬼，除了使事情变得更加糟糕之外，根本没有任何好处。

忍辱负重，才能获得成功

面对十之八九不如意的人生，面对无法让自己感到满意的爱人、亲人、孩子和朋友以及同事等，我们是选择生气，还是选择隐忍？面对他人的恶意作弄，甚至是居心叵测，我们是如同炮仗一般火冒三丈，还是忍辱负重？归根结底，没有人的人生会是一帆风顺的。大多数人之所以选择隐忍，是因为他们知道自己肩负着更加神圣的使命。当然，也有很多朋友选择“是可忍，孰不可忍”，最终歇斯底里地爆发，让自己再也无所顾忌，不愿意委曲求全。

通常情况下，上文所说的是人生的两种极端化的状态。对于性情中人而言，选择后者的居多，但是对于明智理性的朋友们而言，当然更愿意忍辱负重，才能最终抓住契机，获得成功。

作为战国时期大名鼎鼎的政治家，原本是魏国人的范睢出身贫贱，根本无缘在魏王面前展示自己的才华，因而投靠在中大夫须贾门下。有一年，范睢陪同须贾一起出使齐国，齐国齐襄王很赏识范睢的才华，因而赏赐给范睢很多金银珠宝，不过都被范睢拒绝了。然而，须贾得知此事后，却觉得范睢一定有背叛魏国的倾向，所以将此事汇报给魏国的国相魏齐。魏齐不管三七二十一，就派人毒打范睢，后来更是把装死的范睢扔到厕所中。须贾亲眼看着一切发生，还朝着装死的范睢身上撒尿，对其毫无怜悯之心。

等到那些人都离开了，范睢才央求看守厕所的人救他一命。在看守厕所的人的帮助下，范睢才侥幸逃命，来到秦国，投奔秦昭王。果不其然，秦昭王很赏识范睢的才华，不但重用范睢，还封范睢为自己的国相。在范睢的建议下，秦昭王决定首先攻打距离秦国比较近的魏国，魏国得到消息后赶紧派出须贾出使秦国，求和。然而，须贾根本不知道秦国的国相张禄就是曾经的范睢。但是范睢对此心知肚明，他一直在等待须贾的到来。须贾辗转见到范睢，这才知道曾经九死一生的范睢如今在秦国贵为国相，而且深得秦王器重，为此，他大惊失色，光着膀子双膝跪地来请罪。不想，范睢对于他的罪过既往不咎，但是却要求以魏齐的脑袋作为交换条件，保证魏国的安宁。最终，魏齐尽管闻风出逃，却如同过街的老鼠一样无处容身，只得自杀。

范雎之所以能够获得日后的成就，就是因为他具有忍辱负重的精神。虽然被须贾诬陷背叛国家的罪名，又被魏齐下令毒打至“死”，而且还遭到须贾撒尿的侮辱，这些都没有打消他一定要坚强活下去的信念。他逃到秦国之后，博得秦昭王的赏识，因而得到了复仇的机会，最终要了魏齐的性命。

不得不说，一个人有多么能够忍耐，就注定了他将会获得多大的成功。所谓成功者，很少有一帆风顺的，他们大多都是从危机四伏之中为自己找到生机，杀出生路。难以想象，他们在此过程中遭受了多少屈辱和磨难，也承受了多么巨大的压力和艰难。正因为如此，他们才能承担命运赐予的重任，最终获得成功。

所谓忍字头上一把刀，任何时候，我们都必须非常忍耐，才能成就大事。人在一生之中，很难一帆风顺，难免会遇到坎坷与挫折。越是在艰难的困境中，我们越是要忍受屈辱，以极强的毅力和必胜的信念，迎接挫折之后的成功。要知道，当我们凤凰涅槃，浴火重生，我们的人生一定能够爆发出连生命都为之震撼的力量。

自古以来，关于忍耐的典故就很多。诸如韩信当初忍得胯下之辱，后来才能成为刘邦的左膀右臂；刘邦后来之所以能够成就大业，也是因为极强的忍耐精神。正如人们常说的，小不忍则乱大谋。我们必须学会忍耐，忍辱负重，才能避免因为急躁犯下错误，也才能让自己的人生因为忍耐，获得成功。

远离冲动，拒绝感情用事

很多时候，我们因为突如其来的事件，或者是某些超出自己预期和想象的事情，导致情绪激动，陷入冲动之中，最终做出让自己追悔莫及的事情。不得不说，短暂时间里的退让或者是失败，对于人漫长的一生而言，并非坏事。相反，恰恰是这样的人生波折，才能帮助我们认清生活的本质，也磨砺心性，从而让我们变得更加沉稳平和。

为人处世，很多事情并非我们想象中的那样非黑即白，非对即错。低谷的时候，我们必须学会忍得一时之气，控制自己的怒气与冲动，从而忍辱负重，委曲求全，把一时的经历变成人生中的磨练。

时间能够抚平一切创伤，也能够解决一切问题。“委屈求全”这个词语来自于古代，蕴涵着古人的智慧。仅从字面意思理解，我们就能够了解到这句话的意思，即只有忍受一时的愤怒，让自己保持平静和理智，进行理性思考，才能避免冲动，避免感情用事，也才能做出明智的决断。这样一来，我们做错事情的概率就会大大降低，我们的人生自然也更容易获得成功，收获圆满。

在三国的历史上，众所周知，张飞是个火爆脾气，经常因为一些微不足道的小事情，就火冒三丈，怒火中烧。当他得知好兄弟关羽败走麦城的事情后，不由得眼冒血泪，发誓一定要亲自杀死仇人，为兄弟报仇雪恨。

张飞当即下令，军中必须在整整三天的时间里挂孝，讨伐吴地。第二天，他的两名下属向他汇报，无法在短时间内准备好白旗白甲，希望张飞能够给予更多的时间。为此，张飞怒不可遏，甚至下令鞭打这两位下属。后来，他更是下了死命令，要求他们二人必须在次日置办好白旗白甲。受到鞭打的两位下属吓得魂飞魄散，他们经过商议之后，决定趁着张飞当天晚上烂醉如泥的机会，砍掉张飞的脑袋，并将脑袋作为礼物，投奔东吴。

在这个历史典故中，如果张飞能够按捺住自己的火爆脾气，不要严令下属必须完成难以完成的任务，那么这两个下属根本不会由原来的忠心耿耿生出反叛之心。然而，每个人都珍惜自己的生命，都不愿意毫无价值地死去。为此，被逼无奈的下属，只好割掉张飞的首级，投奔东吴，为自己寻找一条活路。

在西方国家，有句谚语尽人皆知，“上帝要想让一个人灭亡，必先使其疯狂”。毋庸置疑，愤怒和冲动，就是使人疯狂的罪魁祸首。很多时候愤怒一旦决堤，必然如同洪水一样肆无忌惮，使人完全丧失理智，做出让自己追悔莫及的愚蠢之事。所谓忍字头上一把刀，我们只能把愤怒交给时间去平息，把冲动也留在光阴里化解。我们唯有拨开忍字头上的乌云，才能看到天空中明媚的阳光。

在愤怒的状态下，人们不但身体上会发生很多难以预测的反应，而且还会丧失理智，不分青红皂白就做出让自己后悔的事情。轻则感到懊悔，重则影响自己的大好前程，甚至造成非常严重且无法挽回的后果。正如大名鼎鼎的哲学家康德所说的，生气是用别人的错误惩罚自己。而当我们陷入冲动之中时，不但会继续用别人的错误惩罚自己，而且还会做出让自己追悔莫及的事情，甚至亲手毁掉自己辛苦经营得到的幸福和完满的人生。所以朋友们，我们每个人都不要随随便便就陷入愤怒之中，更不要冲动行事，而要学会忍耐，驱除自己的心魔，让自己的人生变得更加平静理智。

韬光养晦，才能成功逆袭

在这个世界上，每个人都非常渴望成功，甚至做梦都在想着自己获得了成功。由此可见，人们心中对于成功的欲望是多么强烈。然而，遗憾的是，现实生活是残酷的。更多的时候，我们偏偏事与愿违，越是渴望成功，就越是疏远成功，反而距离自己的梦想越来越遥远。

其实，不管对于个人而言，还是对于国家而言，只有韬光养晦，才能出其不意，攻其不备，成功逆袭。不但小人物是如此，历史上赫赫有名的大人物，也是如此。诸如众所周知的越王勾践，就是因为能够在吴国当亡国奴，所以才能有后来的机会回到越国，成功逆袭，消灭吴国。

公元前496年，吴国和越国之间发生战争，吴王阖闾首先派兵攻打越国，却深受重伤，败在越王勾践手中。吴王伤重不治，临死前，叮嘱儿子夫差有朝一日一定要为他报仇雪恨。夫差始终牢记父亲的遗愿，勤奋练兵，终于在两年之后打败越王勾践，为父亲报了仇。原本，勾践被吴军团团围困，想要自行了断，谋臣文种却劝说他不要放弃，可以收买吴国贪恋财色的大臣伯嚭。勾践这才活下来，并且安排文种开展收买伯嚭的活动。

果然，在伯嚭的引荐下，文种得以面见吴王，并且恳求吴王让勾践成为他的奴仆，为他服务。此时，再加上伯嚭也在一边帮腔，尽管伍子胥极力反对，但是夫差却轻敌了，不把如今的越国放在眼里，因而接受了越国投降的请求，没有对越国和勾践赶尽杀绝。勾践果然带着夫人一起去到吴国，成为吴王的奴仆，而且还主动提出帮助吴国先王看守坟墓。在吴国的三年时间里，他们始终低眉顺眼，对吴王毕恭毕敬，最终吴王一时高兴，将勾践夫妇放回越国。

其实，在三年的时间里，勾践一时一刻都没有忘记要为国报仇雪恨。因而刚刚回到越国，他就展开复仇计划。为了避免自己因为安逸的生活丧失斗志，他放弃了舒适的床铺，而是睡在地上的草堆上。每天早晨起床后，吃饭之前，他都会品尝自己特意悬挂在头顶上方的苦胆，从而提醒自己不忘丧权辱国的耻辱。他不但自己亲自去田地里耕种，他的夫人也纺织粗布，从事劳动。最终，越国全体百姓在勾践的带领下，全都不遗余力，努力发展农业，加强兵事。十年之后，越国国富民强，兵精粮足，已经具备了报仇雪恨的实力。

在此期间，吴王夫差却贪图安逸，最终外强中干，国力越来越衰弱。公元前482年，勾践借着夫差亲自率军北上争夺诸侯盟主的机会，突然对吴国展开袭击，不但杀死了太子友，而且还于公元前473年彻底消灭了吴国。吴王夫差这才意识到自己的错误，羞愧得拔剑自刎。

勾践之所以能够成功报仇雪恨，消灭吴国，就是因为勾践始终能够忍辱负重，这样才能保全性命。所谓物竞天择，适者生存。即便是在大自然中，也总是遵循这样的规则，弱小者被强大者消灭，由此不断淘汰。人类也是这样，尤其是在历史进程中，各个国家之间总是弱肉强食，强国吞并弱国，然后在由强转弱之后，再被实力更强的国家吞并。

虽然现在处于和平年代，但是竞争从未消失。现代社会，很多人之间都存在着竞争关系。尤其是在现代职场上，更是人人都想出人头地，为自己创造成功的佳绩。在这种情况下，我们必须做到韬光养晦。即便遇到暂时的困惑和坎坷，也要说服自己委曲求全，忍辱负重，这样才能积聚力量，提升自己的实力，从而为自己的人生赢得更多的好机会，帮助自己成为人生之中真正的赢家。

除此之外，韬光养晦并非单纯指积聚力量，也包括我们要谦卑。尤其是在现代职场，很多人为了晋升都削尖了脑袋。实际上，当强争而不得的时候，我们不如改变方式，屈居人后，从而寻找更多的机会展示自己的实力，帮助自己赢得真正的成功。这也是一种韬光养晦。要想真正做到韬光养晦，我们首先必须懂得尊重他人，最好是与他人相互尊重，这对于培养我们与他人之间的良好关系是很有好处的。民间有句俗语，叫做众人拾柴火焰高。我们唯有与他人精诚合作，融入团队之中，才能借助于团队的力量，最大限度发挥自身的能力，从而实现自己独特的成功。否则，如果我们总是心高气傲，轻则心比天高命比纸薄，导致事与愿违，重则惹火烧身，影响自己的远大前程。要知道，职场上的勾心斗角中，敌人往往在暗处，我们却是在明处，因而很容易就会成为敌人的活靶子。从这个意义上来说，如果我们更加低调内敛，那就会在无形中保护了自己。

朋友们，不要觉得韬光养晦是退步，实际上韬光养晦是以退为进。当我们深谙韬光养晦的真谛，我们就能成就人生，创造辉煌。

压力不可怕，要将压力变成动力

很久以前，有个农夫牵着驴子往家走。因为天色太晚了，驴子居然一不小心，掉入一口干枯废弃的井中。为了救出驴子，农夫一个人竭尽全力、想方设法，花费了好几个小时的时间，却毫无成效。看着驴子在枯井中痛苦地嘶鸣，时间又已经到了深夜了，农夫只好选择放弃。他安慰自己：“算了，反正这头驴子已经很老了，也没什么力气了。等到明天白天，我来把它掩埋掉，也算是对它仁至义尽了。”

次日，农夫特意从左邻右舍喊来好几个帮手，和他一起拿着工具去枯井掩埋驴子。看到人们并没有打算对自己施以援手，而是开始把泥土以及垃圾等杂物扔到井里，试图掩埋自己，驴子绝望地嘶鸣着。然而，没过多久，这头驴子突然停止嘶鸣，农夫好奇地探头看向井底，这才发现驴子不停地抖落掉人们扔到它背上的泥土，而且非常灵活地站到泥土上面。就这样，驴子不停地努力着，最终居然踩着那些人们扔到井底的杂物和泥土，渐渐接近井口，最终成功脱险。

不得不说，这是一头顽强的驴子，是真正的驴坚强。面对生命即将结束的困境，驴子先是绝望地哀鸣，但可以肯定的是，它从未放弃生的希望。所以，它才能在短暂哭泣之后，突然想到逃生的好办法，就这样把原本会结束它生命的一切，变成新的生机。

从驴子的故事中我们不难得出一个结论，任何事情都有其两面性。很多时候，压力并非是绝对的压力，而是可以在特定条件下与动力相互转换。当然，把压力转化为动力是需要条件的，那就是我们拥有顽强的心态，从而能够承受压力。反之，倘若我们在压力之下不堪重负，甚至因为压力导致自己崩溃掉，那么当然也就失去了转化压力为动力的机会和条件。这样一来，压力就会成为彻头彻尾的压力，只会给我们的人生带来负面影响，而对我们的人生没有任何积极的作用。看到这里，聪明的朋友们一定知道，我们必须端正心态，充实自我，才能正确引导各种压力成功转化为动力，从而不断前进和进取。

熟悉企业管理的人都曾经听说过蓝柏格定理。这个定理告诉我们，作为企业的上级，必须要适当地为职员制造危机感，才能督促职员不断进步，把压力转化为动力。这个定理最早是由美国大名鼎鼎的银行家路易斯・B・蓝柏格提出的，他的本意就是要为下属制造危机感。现实生活中，人们也常说，“井无压力不出油，人无压力轻飘飘”。这句话也在告诉我们，一个人要想有所成就，必须承受压力，拥有动力。尤其是对于那些光鲜亮丽的成功者而言，我们作为旁观者也许只看到他们成功的一面，他们作为当事者，却更清楚自己走过了怎样艰难坎坷的过程，最终才把压力转化为动力。

当然，需要注意的是，为了与压力更好地和平共处，我们除了要给自己增加压力，让自己动力十足之外，在适当的时候，我们还需要学会减压。所谓凡事皆有度，过犹不及，压力也是如此。过大的压力如果彻底把人压垮，那么人们也就失去了把压力转化为动力的机会。只有把握好压力的度，能够让压力与动力之间相互转化，我们的人生才能更加积极主动，实现创造和创新。所以朋友们，让我们正确对待人生的压力吧，只有我们坦然应对压力，我们才能拥有更多的动力，也才能真正成为人生的主宰，顶着压力奋力前行。

有的时候，我们需要学会伪装

生活中，我们总是提醒自己，也告诫他人，我们一定要真诚处世，才能得到他人的真心相待。然而，真诚虽然是生活中必须的，我们更要学会伪装。归根结底，生活不是简单的一加一等于二。生活是复杂的，也是琐碎的，更是微妙的。很多情况超出我们的想象，出乎我们的预料，也有很多情况让我们应接不暇，措手不及。而且在这个世界上我们并非独活，我们每个人都难以避免与他人打交道。真诚当然是必须的，但是在与他人产生矛盾冲突时，为了避免让他人或者我们自身难堪，也为了使事情不至于恶化发展下去，我们更需要学会伪装，才能让事情有回旋的余地。

举个简单的例子，狡兔三窟。就连狡猾的兔子都有三个洞穴，帮助自己逃生，更何况我们是万物的主宰——人呢！当我们把自己内心深处的想法袒露无疑时，这也就意味着我们失去了回旋的余地。反之，假如我们对于自己的所思所想有所保留，那么我们无疑可以利用伪装，让自己进退自如。

当年，刘备陷入困境，无处可去，思来想去，只好投奔曹操。曹操盛情款待刘备，但是因为曹操生性多疑，所以他对刘备也是有所提防的。刘备当然知道曹操的想法，因而他虽然得到曹操的款待，却没有把自己的全盘计划告诉曹操。相反，他每天都在菜园里种菜，还亲自浇灌菜苗，目的就是想使曹操丈二和尚摸不着头脑，以为他已经看淡名利，放弃对天下的争夺。

有一天，曹操特意在家中设宴款待刘备。他在席间与刘备谈起很多事情，询问刘备可否知道谁才是天下英雄。刘备装作不懂曹操的用意，故意抛砖引玉，说出了当世的袁术、袁绍、刘表、孙策等人。不过，曹操对于这些人都不以为然。最终，曹操向刘备明确指出英雄的定义，即一定要“胸怀大志，腹有良谋，有包藏宇宙之机，吞吐天地之志”。听了曹操的话，刘备反问天下有谁能够对英雄的称号当之无愧，曹操当即说天下只有他和刘备，才能称得上是英雄。

听到曹操这句话，刘备心中一惊，当即吓得把手中拿着的汤匙都掉落地上了。当时，正好天上雷声大作，刘备佯装从容地俯身从地上捡起汤匙，说：“一震之感，乃至于此。”不得不说，刘备的确在竭尽所能地掩饰自己的慌乱，尤其是曹操说他自己和刘备都是当世英雄之后，刘备更是仿佛被曹操窥探内心，导致惊慌不已。也许是天助刘备，此时一阵惊雷，帮助他成功掩饰自己，渡过难关。

这就是历史上赫赫有名的煮酒论英雄。在与曹操对答的时候，刘备无疑心惊胆战，但是他表面上却从容镇定，很好地掩饰了自己。他在别人面前不夸耀自己，总是低调内敛，即便心怀天下，也装聋作哑，根本不把自己当成和曹操一样的当世英雄。所谓枪打出头鸟，倘若刘备当初在曹操面前得意忘形，毫不收敛，也许就不会有后来的三分天下之势了。

其实，不仅刘备需要伪装自己。现代社会尽管处于和平年代，人们远离战争，生活平安，但是也要注意低调内敛，不要锋芒毕露。尤其是在现代职场上，竞争如此激烈，同事之间如果有利益纠纷，很容易就会引起明争暗斗。在这种情况下，与其与其他同事展开毫不掩饰地争斗，不如低调做人，在工作上兢兢业业，这样当做出切实的成绩，其他同事自然会对我们心服口服，就连上司也会对我们高看一眼。可想而知，我们的职业生涯必然得到很好的发展，而且我们的人生也会因此变得与众不同。所以朋友们，与其张扬，不如收敛。就像很多有钱人在找女朋友的时候，故意装成乞丐的样子，只是为了寻找一份纯真的爱情一样。对于同一个目的，我们可以采取很多不同的方式，只要能够事半功倍，就是好方式。

第 10 章

忍人之不能忍，方能成就别人所不能成之事

人生在世，不可能每件事情都顺遂如意，正所谓人生不如意十之八九，生命恰恰是在每一次蜕变中华丽转身。人生，也只有经历形形色色的磨难，生命才会具有宽度与厚度，成为丰盈厚重的人生。其实，对于人生的痛苦，我们更要选择隐忍和坚持。大多数人之所以面对痛苦时轻易就放弃，就是因为他们把痛苦排斥在生命之外。假如能够摆正心态，意识到痛苦是生命的常态，我们对待痛苦也就能够随遇而安。所以从容地应对人生，就是含泪的微笑，就是忍耐的坚持。

一切磨难，都会变成生命的财富

人生之中，每个人都会承受很多苦难。殊不知，今日的苦难，在我们生命未来的岁月中，都会变成命运馈赠我们的独特礼物，成为我们生命中最丰厚的沉淀。然而，依然只有少数人对困难安之若素，大多数人面对困难，总是感到难以忍受，也根本无法继续容忍困难的存在。要知道，人生的成长恰恰是在苦难之中，我们唯有更好地面对苦难，发自内心的接纳苦难，才能让苦难成为生命的养料，让我们的人生在苦难之中实现质的飞越。

曾经有生物学家经过研究发现，在从蛹变成幼虫时，飞蛾的翅膀总是萎缩而又柔软，缺乏力量。因而在破茧而出时，蛹必须经过挣扎之后，才能让翅膀变得强壮有力，从而支撑它的身体飞翔。有个孩子无意间发现有个茧在树上蠕动，似乎里面的飞蛾迫不及待地想要摆脱茧的束缚，飞到天空中去。孩子感到很好奇，因而站在那里观察蛹破茧而出，但是时间流逝，飞蛾在茧里无论多么努力，都无法摆脱茧的束缚。孩子看得心急如焚，因而拿来一把小剪刀，帮助飞蛾剪开了茧。果不其然，飞蛾很快就从茧里出来了，但是它的身形臃肿，翅膀湿漉漉地贴在身体上，根本无法飞上天空。

孩子眼睁睁地看着飞蛾跌跌撞撞，艰难地爬行，无论怎样努力也不能飞起来。没过多久，飞蛾就死了。孩子不明所以，跑去问妈妈，妈妈语重心长地对他说：“飞蛾要想破茧而出，就必须依靠自己的力量不断挣扎。没有经历过痛苦洗礼的飞蛾，总是非常脆弱，根本无法拥有坚强的生命。”

同样的道理，人生也是如此。假如人生不经过困难的磨炼，就会如同被孩子剪开茧的飞蛾一样，变得脆弱无助，最终浑身疲弱无力，无奈地沉沦下去。很多人排斥痛苦，觉得痛苦使我们无法坦然面对人生，也使我们的人生变得不尽如人意。殊不知，快乐幸福固然是每个人都向往的，但是偏偏人生不如意更多，尤其是对于幸福与快乐，很多人更是求之而不得。

也许有人会抱怨苦难使人屈服，我们却要说，对于人生真正的强者而言，苦难只会使人感到坚强，使人生得以沉淀，变得更加意志如钢。每个人在呱呱坠地的时候，都要艰难地经过生命之门。这样的过程不管对于伟大的母亲还是新生命而言，都是一种极度的考验和磨难，尤其是对于新生命，更是一种艰难的折磨。但是，生命的本能就是向着生奔去，所以尽管是看似无意识的新生命，也依然循着本能不断地向生，艰难地奔向新生的世界。所谓瓜熟蒂落，水到渠成，大概就是这样自然而然的过程吧。

朋友们，和生的痛苦相比，生的快乐显然更大。一个人新生命的降临既是幸福的事情，也意味着漫长一生痛苦的开始。很多人都追寻何时才能结束痛苦，曾经有智者给出回答，只有当生命终结的时候，痛苦才会随之消失，彻底结束。所以从这个角度而言，生命就是不断与痛苦抗衡，并且从中寻找快乐，扬起生命的风帆，一往无前。哪怕到达生命的终点，我们也会因为人生的充实而感到欣慰。

现代社会，很多人都活得特别累。尤其是对于生命中不期而至的磨难和困苦，在重重压力下的朋友们，往往觉得无力承担。要知道，海燕在海面上迎着风浪起飞，所以才能飞越苍茫的大海，坚强地生存下来。面对人生的大海，不管是狂风还是巨浪，我们也要无比坚强，战胜风浪，挑战苦难，从而才能成功面对人生，超越人生，获得最终的胜利。

现在，很多人活得很累，过得也不快乐。其实，人只要生活在这个世界上，就有很多烦恼，痛苦或是快乐，取决于你的内心。人不是战胜痛苦的强者，便是屈服于痛苦的弱者。再重的担子，笑着也是挑，哭着也是挑。再不顺的生活，微笑着撑过去了，就是胜利。也许当我们回顾人生时，才会发现不管自己拥有多少金钱权势，最重要的是我们拥有这些宝贵的经验，这才是我们人生最大的财富。

忍耐，帮助你战胜自己，成就未来

在漫长的人生中，每个人都要面对很多坎坷挫折和磨难，也都要遭遇很多的不如意。尤其是在复杂的人际关系中，要想经营好人际关系，更是难上加难。对于这样的现状，现代社会的很多人都觉得为难，归根结底，其实我们面对的最大敌人是自己。一个人要想从容面对世界，从容接受人生，就必须不断忍耐，超越自己内心深处的囚牢，从而心高天地宽。

对于年轻人而言，面对高手如云的竞争者，也许超越和挑战并非难事。但是对于自己，他们却有些无计可施。就以最简单的减肥为例，我们明明想要加强锻炼，控制饮食，从而让自己成功减肥，但是面对琳琅满目的自助餐，面对各种美食的不断诱惑，我们却管不住自己的嘴巴了。有的时候，当跑步与躺在床上安逸地看电视相比时，我们理智上知道自己应该去跑步，身体却不听使唤，慵懒地躺在床上不愿意起身。如此一来，我们迈不开腿，减肥自然成为泡影。

就算是如此简单的问题，都需要我们付出毅力才能做到，更需要我们极力克制和约束自己，才能坚持下去。在现实生活和工作中，我们更需要不断地反思自我，改变自己的陋习，不断提升和完善自我，才能坚持进步，从而提升自己的素质与修养，让自己变得坚韧不拔。遗憾的是，很多朋友虽然过五关斩六将，在生活中打败对手无数，最终却因为无法超越自己而失败了。

我们不妨想象一下，我们的失败到底因为什么原因。诸如，我们在想要做一件事情的时候，虽然很多亲朋好友都表示支持，但是我们内心却忐忑不安，最终因为胆怯放弃了千载难逢的好机会，与成功失之交臂。再如，众所周知通往成功的道路是漫长而又曲折的。我们在成功的过程中难免遭遇磨难，或者遇到看似难以逾越的障碍，假如我们能够坚定信心，勇往直前，也许就能战胜坎坷挫折，走向成功。但是，大多数人之所以失败，并非因为没有勇气开始，也并非因为时运不济，而只是因为他们在磨难面前轻易放弃，从而导致半途而废。大家都知道，哪怕是做再简单的一件事情，要想成功，也必须坚持不懈。越是在危急关头，越是在看似难以超越的难关，我们就越是要鼓起勇气，坚韧不拔，这样才能超越人生的困境，突破内心的囚牢，从而坚定不移地获得成功。

若干年前，美国发生了一场大火。有一对双胞胎兄弟，在这次大火中遭遇不幸，被掩埋在废墟底下。等到消防员找到他们的时候，他们已经面目全非，完全失去了人的模样。对此，哥哥痛不欲生，弟弟却鼓励哥哥："我们多么幸运啊，别人都在这场大火中丧生了，唯独我们，却能够侥幸活下来，继续看着这个美好的世界。因而，我们的生命来之不易，我们必须更加勇敢地活下去，让我们的生命绽放光彩……"

弟弟的话让哥哥暂时放弃轻生的念头，积极地接受治疗。但是离开医院之后，哥哥面对他人异样的目光以及不知情者的冷嘲热讽，最终还是选择自杀，结束了自己年轻而又宝贵的生命。弟弟呢，他很珍惜这来之不易的生存机会，因而不管别人如何看待或者是对待他，他都非常坚定不移地勇敢面对人生。他总是告诫自己："我一定要好好活着，活出属于自己的精彩人生。"直到有一天，弟弟在送货途中，看到有个人站在大桥上要跳河自杀。弟弟赶紧冲上去，救下那个人，并且把自己的经历讲给他听，劝说他要好好活着。那个人听说弟弟的经历和遭遇之后，不由得万分惭愧。原来，这个人是一个亿万富翁，只是因为经营不善导致严重亏损，所以才了无生念。认识弟弟后，这个人再次鼓起勇气面对人生，而且还耗费巨资帮助弟弟整容。就这样，弟弟的脸上再也找不到火灾留下的痕迹，他的顽强终于为他换来了再次新生。

人生总是需要忍耐的。事例中的哥哥无法忍耐，所以结束了生命。而弟弟呢，面对生活的艰难坎坷，他始终没有放弃生的希望，而且下定决心要活出个样子来。最终，机缘巧合，他在救了亿万富翁的同时，也救了自己。每个人在身处逆境的时候，最先应该做的不是从他人那里得到救助和援助，而是应该发自内心激起自己生存的欲望，从而帮助自己赢得更加美好幸福的人生。

悦纳自己，也是非常重要的。现代社会，很多人对于自己的容貌长相不满意，但“身体发肤受之父母”，母亲冒着生命危险才赋予我们新生命，所以我们应该心怀喜悦地接纳最本真的自己。其次，对于生命中的无常，对于我们人生的状态，我们也要做到悦纳自己的一切。所有的安排，都是最好的安排，我们要相信命运如此对待我们一定别有深意，我们要做的就是不抱怨，从容面对人生，接纳人生，改变人生。

通过苦难的考验，你才能领悟人生真谛

现代社会，很多人都感到迷惘，不知道人生的真谛到底是什么，更不明白人生的意义何在。对于顺遂的人生，也许更容易度过，但是对于充满苦难的人生，想要继续坚持下去，也许就会变得难上加难。对此，梁启超先生曾经说过，“患难困苦，是磨练人格的最高学校”。的确，困难是人生最好的学校，唯有经过苦难的洗礼，我们的人生才能不断进取，从而获得坚实的成功。

遗憾的是，大多数人面对苦难，除了抱怨，还是抱怨。殊不知，抱怨并不能改变我们遭遇苦难的现状，更多的时候，我们必须在苦难和磨难中学会忍耐，拥有坚韧不拔的意志，才能更加镇定自若、从容不迫地面对人生的各种磨难以及失败的打击。这就是我们人生中最宝贵的财产，也是我们应该怀有的心态。面对苦难的坚定不移和顽强不屈，是值得赞赏和提倡的，也是我们每个人面对人生必须具备的品质和素质。

在英国的一次聚会上，不但有很多著名的商人、企业家，也有此后当选英国首相的丘吉尔。当时，面对丘吉尔，大名鼎鼎、事业有成的汽车商约翰·艾

顿开始讲述自己的人生经历。他告诉丘吉尔，他小时候出生在偏僻的农村，父母在他很小的时候就双双去世，他的姐姐不得不去有钱人家帮佣，给有钱人家洗衣做饭，才勉强把他抚养成人。等到姐姐出嫁之后，姐夫容不下他，因而把他赶到舅舅家里生活和居住。不想，舅妈也视同他为眼中钉、肉中刺，对他尖酸刻薄，恨不得一天只给他一顿饭吃，还安排他做很多家务。为此，艾顿小小年纪就辍学，迫于生计，他不得不当学徒，勉强混个温饱。在一年多的时间里，他因为无处容身，只得睡在郊外的废弃仓库中。

听到艾顿平静淡然地说起自己曾经的经历，丘吉尔惊讶万分地问："我从未听你说起过啊？"艾顿笑着说："当时，我正在受苦，我有什么权利控诉生活呢？我的当务之急是想办法活下去。"说完，这位曾经饱受生活磨难的汽车商继续说："在一定的条件下，苦难也会转化成为我们生命中不可多得的财富。当然，前提就是我们必须能够战胜苦难，而且最终远离苦难。如今，我觉得自己最宝贵的财富就是曾经的苦难，是它们让我有了今天的成就，也是它们让我变得更加坚强，成为人生真正的强者。"

的确，一个人如果被苦难打倒，是没有资格抱怨苦难的。我们只有意志坚强，最终战胜苦难，才能彻底把苦难变成人生的财富，为我们积累厚重的人生基础。总而言之，没有人的人生是一帆风顺的。不管什么时候，我们必须接纳苦难，勇敢面对苦难，成功战胜苦难，才能征服人生，成为人生之中真正的强者。

当然，艾顿对于苦难的理解和定义，也使得丘吉尔感慨颇深。他修订了自己关于"热爱苦难"的观点，在自传中表达了自己对于苦难的理解：苦难，是屈服还是财富？你被苦难征服，苦难就是你的屈辱；你战胜苦难，苦难就成为你的财富。

正如人们常说的，宝剑锋从磨砺出，梅花香自苦寒来。也如一首歌中所唱的，不经历风雨，怎能见彩虹。在人生的漫长旅途中，我们必须不断地战胜苦难，挑战自我，才能把苦难踩在脚下，不断攀升。

感谢折磨你的人，他们赋予你力量

人生不如意十之八九，每个人的人生都会遭遇各种各样的不如意，人们也会因为这些不如意，导致陷入人生的困窘之中。其实，人生之中不仅要面对诸多的不如意，很多时候，我们除了身边有亲人与朋友相伴而行，也会倒霉地遇到敌人和对手。如果单纯是对手尚且还好，因为我们只要凭借自身实力，展开积极的斗争即可。但是如果遇到敌人，那么我们的人生必然因为对方的居心叵测，导致明枪易躲，暗箭难防，最终因为对方的暗箭，导致人生变得非常被动。所以，古人也说，害人之心不可有，防人之心不可无。

现代社会，因为各种竞争越来越激烈，导致每个职场人士几乎都面临着对手，也有很多职场人士还会遭遇“敌人”。当然，生在和平年代，我们是幸运的，再也与不用与敌人拼个你死我活。但是，我们也同样不能懈怠，因为在没有硝烟的战场上，我们也许不得不面临更加残酷的争斗。尤其是如今，人际关系被提升到更高的高度，我们必须非常用心地与他人相处，搞好人际关系，才能在职场上如鱼得水，游刃有余。也许我们更愿意遇到与自己志同道合的朋友，但是现实情况却是，我们唯有处理好与对手和“敌人”之间的关系，才能让自身不断发展壮大，从而实现真正的成功。所以说，朋友们，不仅要感恩那些一路陪伴我们的亲人朋友，更要感谢那些折磨我们并且给我们带来痛苦的人。正是因为他们的督促和激励，我们才不得不迎风奔跑，奔向更高的山峰。

正如有人曾经说过的，看一个人底牌，看他的朋友；看一个人的实力，看他的对手。从某种意义上说，对手比朋友更能激励我们进步，也更能督促我们在人生路上一路向前。从另一个角度而言，人们总是吃一堑长一智的。就像自然界的优胜劣汰一样，我们在与人类的竞争中生存，实际上也是在不断地接受淘汰的过程，只能逼迫着自己不断进步。所以朋友们，不要害怕敌人，更不要害怕未知的未来。我们唯有更加积极主动地迎接人生的挑战，才能最终成就自己，迎来成功。

作为美国历史上大名鼎鼎的将军，潘兴将军在美国的很多战场上都立下赫赫战功。他不但镇压过墨西哥人的叛乱，而且参加了剿灭印第安人的战争。在第一次世界大战中，他的杰出表现更是给人留下了深刻的印象。在第一次世界大战即将结束的前夕，他更是与英法联军联合起战胜德国，在世界上树立威名。

潘兴将军治军严明，对于违反军纪的人严惩不贷，因而很多人都称呼他为“恐怖的杰克”。而且，他在战场上一向主张主动进攻，作为他的部下，巴顿将军也继承了他的优良传统，在战场上成为进攻狂人，绝不畏缩，更不退缩。为此，甚至盟友都对潘兴将军感到畏惧。其实，大家不知道的是，潘兴将军小时候是个很胆小的孩子，经常被小伙伴欺负。有一次，潘兴在外面被一个小伙伴痛打一顿，不但被揍得鼻青脸肿，而且还遭到他人无情的嘲笑。那天，他直到天黑才回家，一个人躲到卧室中痛苦不已。看到满脸伤痕的潘兴，父亲经过询问得知事情的缘由，因而教导他：“如果你觉得自己很丢人，就应该让自己变得强大起来，这样才能一雪前耻。否则，你只知道躲在这里哭，永远也无法让自己扬眉吐气。孩子，振作起来，争取下次好好揍那个可恶的家伙一顿吧！”潘兴擦干眼泪，对着父亲点了点头。从此之后，他每天都积极锻炼身体，而且内心也变得更加勇敢坚强。几个月之后，当潘兴再次遭遇他人的挑衅，他没有哭泣，反而狠狠地揍了对方一顿。从此之后，他发现全村的孩子看到他都毕恭毕敬，闻风丧胆。正是这样的经历，才使得潘兴后来成为无所畏惧的大将军。在他的带领和鼓励下，他的全体将士也都勇往直前，无所畏惧。

如果没有那个曾经把潘兴打哭的孩子，也许就没有潘兴将军后来的成就。有的时候，影响我们人生轨迹的并非是那些大的事件，而只是一件微不足道的小事。由此可见，命运的转折是随时都有可能出现的，我们必须抓住命运的契机，感谢那些曾经折磨我们的人，让我们的人生有了新的转机。

相信很多人都曾经看过《阿甘正传》，对于阿甘，大家也都留下了深刻的印象。阿甘小时候饱受欺凌，当他撒开双腿开始如同风一样奔跑时，他才真正战胜内心的恐惧，展开了人生的翅膀。生活就是这样，很多时候我们缺乏主观能动性，因而需要外界的力量督促和激励，甚至是逼迫我们不断前进。那些折磨我们的人，恰恰给予了我们这样的力量，他们使我们在痛苦中崛起，最终成就自己与众不同的人生。

要相信，苦难一定比你先退步

不管我们打着多么响亮的口号要与苦难斗争到底，很多时候，我们依然会被苦难击打。毕竟，一个人的能量是有限的，当能量消耗殆尽，也就是苦难即将反扑成功的时刻。所以，我们越是在苦难面前感到即将崩溃，难以继续支持下去，就越是要全力坚持，因为此时此刻，不仅你坚持不下去了，苦难也同样坚持不下去了。这就如同两个人正在掰手腕，正在僵持不下的时刻，掰手腕的两个人都会觉得难以为继。在这千钧一发的时候，是放弃，还是继续坚持下去，找准时机发力呢？相信大家都会毫不迟疑地选择后一种做法，因为唯有如此，我们才能瞅准机会，获得成功。

不如，我们就把苦难当成是与我们掰手腕的那个对手吧。我们必须相信，当我们感到手腕酸痛、肌肉僵硬时，苦难也已经筋疲力尽，无以为继了。所以，只要我们坚持下去，就一定能够等到困难先放弃，先退缩，我们理所当然能够获得成功。

一分耕耘，一分收获。如果没有耕耘，人生也就没有收获。正如春天播种，秋天才能硕果累累一样，人生也需要我们不断耕耘和付出。作为伟大的成功学大师，拿破仑认为，人们之所以失败，是因为大自然觉得人们需要用失败来提炼自己的内心。因此，拿破仑始终觉得人应该坦然面对失败，发自内心地接受失败的历练。这样一来，我们的人生才能跟随命运的车轮不断旋转，最终赢得丰收的喜悦。

毋庸置疑，每个人在面对苦难的时候，内心深处都会受到莫大的煎熬。

然而，无论如何我们都不能放弃努力，因为我们越是退缩，这份苦难和痛苦就是变得更加沉重。相反，当我们悦纳人生的苦难，我们就能发自内心地接受苦难，从而获得平静淡然，也成功走过人生的黑暗岁月。

1969年，年仅17岁的毕淑敏来到部队，成为了一名光荣的人民解放军。她和战友们一起身穿军装，从北京出发，奔赴遥远的新疆。在当时的交通条件下，奔赴新疆需要六天的时间。六天之后，他们才到达新疆喀什。除了毕淑敏和其他五名女兵继续坐车出发，赶赴藏北之外，大多数战友都留在了喀什。要知道，喀什的海拔高度是三千米，而藏北的海拔高度则达到六千米。她们的目的地是阿里，那也是毕淑敏即将正式开始军旅生涯的地方。

1971年，毕淑敏参加了一次野外拉练。当时正值寒冬腊月，她们几个女兵背起急救箱、枪弹和干粮等总重达到六十斤的东西，顶着零下四十摄氏度的严寒，出发了。凌晨三点，她们接到命令，要徒步一百二十里路，穿越无人区，而且中间不能有片刻休息。当天下午两三点时，毕淑敏觉得自己体力不支，非常难受，而且嘴巴深处都是咸涩的鲜血。她不由得想要自杀，可想而知她忍受着多么剧烈的痛苦。随后，她开始寻找机会，终于发现了一处悬崖。然而刹那之间，她突然想到身后距离她很近的战友，有可能受到她的牵连，也掉落悬崖，就这样她犹豫了，错过了自杀的机会。后来，虽然毕淑敏一直在寻找机会自杀，但是等到天黑时，她们顺利抵达了目的地。看着毫发无损的自己，毕淑敏意识到，她即便经受了难以忍受的痛苦，而身体却毫无损伤。由此她发现，所谓的崩溃并非是身体无法支撑下去，而只是人的精神和意志不愿意继续支撑。而只要怀着必胜的信念，决不放弃，总是能够熬过那些艰难的时刻。

的确，很多时候我们都以为自己再也无法支撑下去了，在苦难之后，最终却发现自己成功熬过了困难，而且毫发无损。这就得意味着人并非因为身体上的无法忍受而倒下，只是因为精神上的坍塌，所以变得无比脆弱。正如打牌一样，我们就算是抓到一副不好的牌，也不能当即把牌扔掉，重新洗牌。人生也是如此，我们只能坚持走下去，走到最后一刻，竭尽所能地得到好的结果。尤其是经历困难之后的幸福，也许更加可贵，能够让我们的人生变得充实而又伟大。朋友们，从现在开始，我们就要牢记，我们唯有坚持不懈，才能让苦难先退步。

吃苦的孩子会得到命运的眷顾

人们常说命运对于每个人都是公平的，但是现实情况却是，命运有的时候的确缺乏公平，不能做到平等地对待每一个人。当然，命运和谁也不沾亲不带故，如果一定要说命运是偏心的，那么我们必须说，命运会眷顾那些愿意吃苦的孩子，会补偿他们曾经吃过的苦，受过的罪，从而使他们的人生得到回报。

大多数人都看到成功者头顶的光环，细心的朋友却会发现，大多数成功人士并非因为得到命运的眷顾一帆风顺地获得成功，相反，他们的人生历经坎坷，他们都是从贫穷和困难中一路走过来的。所以，他们比普通人吃过更多的苦，忍受过更多的煎熬，因而也比普通人具备更加顽强的意志，对于成功有着更加强烈的渴望。正是这样不平凡的经历，他们才有了与众不同的品行和坚韧不拔的意志，从而使自己的人生变得出类拔萃。

作为贫穷黑人家的孩子，福勒年仅五岁，就开始劳动，养活自己。和福勒一样，与福勒一同玩耍的孩子中，绝大多数都出身于佃农家庭，他们和福勒一样小小年纪就开始凭借自己的双手劳动，养活自己。不过，他们之中没有任何人抱怨命运，他们从不幻想自己出生在富裕的家庭，而是对命运的安排安之若素。这一点，福勒和他们截然不同。原来，在母亲的启发下，福勒从小就对现状不满，不甘于这样过一生。母亲时常告诫福勒："福勒，人并不是生来就要受穷的。我不想让你认命，也不是上帝让我们永远受穷的。要知道，上帝愿意他的每一个孩子都过上富裕的生活，而我们之所以贫穷，只是因为我们从未想过要改变生活，发家致富。在此之前，我们家里的每个人都甘于贫穷，从你开始，我们必须改变，否则连上帝都无法帮助我们。"福勒虽然年纪尚小，但是对于母亲的话却印象深刻。听从母亲的意愿，决定要经商，以最快速的方法赚取钱财。思来想去，因为缺乏本钱，所以福勒决定从推销肥皂开始。从那之后，他在整整十二年的时间里，始终在挨家挨户地推销肥皂。

一个偶然的机会，福勒听说有家肥皂公司要拍卖，他似乎看到了发财的机会正在向着自己招手，因为他在十二年的时间里已经积累了丰富的销售经验，也为自己树立了良好的口碑。就这样，福勒从朋友那里借了很多钱，再加上自己此前所有的积蓄，而且还向投资公司借债，最终依然差一万美元才能成功购买肥皂公司。夜深人静，无计可施的他绞尽脑汁，在街道上走来走去。突然，他看到有家公司还亮着灯，因而径直走进去，问那个满脸疲惫、伏案疾书的职员："你想赚到一千美元吗？"那个职员不知所以地看着福勒，点了点头，因而福勒讲明自己的事情，并且向对方承诺："如果你愿意开一张一万美元的支票给我，我在还钱的时候，将会额外支付你一千美元的利息。"对于职员而言，这个办法并没有太大的风险，难度也很小，因此他当即表示同意。就这样，福勒成功收购肥皂公司，而且还成为一家报社以及其他七家公司的股东。他大获成功，彻底改变了自己以及整个家族的命运。当记者采访福勒如何获得成功时，福勒说："要知道，上帝愿意他的每一个孩子都过上富裕的生活，而我们之所以贫穷，只是因为我们从未想过要改变生活，发家致富。"

这正是若干年前母亲告诉福勒的话，这么多年来，他始终把母亲的话记在心中，所以能够改变命运，发家致富。的确，上帝没有安排他永远贫穷，但是前提是他自己必须想要发家致富，这样上帝才能偏爱他，给予他更多的机会去改变命运，收获成功。

中国有句古话，自助者天助之。的确，一个人只有主动积极地面对人生，不遗余力地改变命运，才能真正做到扭转命运，逆袭成功。否则，就算上帝再怎么偏爱，也无法给予我们从天而降的成功，这样我们还如何实现命运的转机呢？所以，我们不管出身如何，越是出身贫苦，就越是要努力奋斗，这样才能博得成功的机会。要记住，上帝永远偏爱那些努力奋斗的苦孩子，我们唯有赢得上帝的青睐和眷顾，才能彻底改变命运。

学会隐藏实力，才能避免枪打出头鸟

现实生活中，尤其是现代社会，人才济济，人与人之间的竞争异常激烈。每个人都想得到他人的认可，从而每个人都不遗余力地展示自己的实力。尤其是在职场上，作为刚刚毕业的大学生，作为职场的新晋职员，更是迫不及待地要表现自己，从而得到他人的认可与肯定，为自己的未来做好铺垫。对此，原本无可厚非。但是如果因为锋芒毕露，不分青红皂白地就得罪了人，那么我们的发展只怕非但不顺利，反而还会遭遇到重重阻碍。所以朋友们，作为职场新人，千万不要因为急于求成，就不顾一切地展示自己的实力。要知道，有人的地方就有江湖，尤其是新进一家公司时，要先潜伏下来，了解公司的人际情况之后，再根据情况选择是表现实力，还是夹起尾巴做人，等待时机。不得不说，很多时候，隐藏自己的实力是非常明智的行为，至少这样能够有效保护我们自身，不被他人误伤。

毕业于名牌大学的李林，如愿以偿地找到一份好工作，进入一家国企当技术人员。要知道，国企不但福利待遇好，而且工作稳定，是很多年轻人都梦寐以求的。为此，李林一进入公司就努力表现，因为他此前曾经听人说，国企里一个萝卜一个坑，必须好好表现，才能在适当的时候得到提拔。否则一旦错过机会，又不知道要等待多少年呢。

这一天，在开会的时候，领导安排了一个很有技术难度的项目，对此，那些老职员都面面相觑，因为既然工资一样多，谁也不愿意额外承担风险。说白了，就是干好了没有功劳，但是干不好，却有可能遭到埋怨。这时，李林突然自告奋勇："我来吧，我年轻，需要这样的机会多多历练。"这时候，原本面面相觑的老员工，突然都开始撇嘴，他们不知道这个年轻人到底有几把刷子，对于老员工都不敢接手的项目，他居然主动请缨。

其实，李林对于成功完成项目并没有把握，不过他看到领导说话无人应答，因而很想为领导解围。然而，一个月过去了，当领导询问李林项目进展时，李林并没有拿出有效的工作成果，为此，他还被领导狠狠地批评了一顿。这时，那些老职员全都在心里乐开了花，因为他们对于这个出头的新人根本不服气。又是一个月，李林因为项目完成得不好，不得不向领导求助。领导把李林的烂尾项目安排给一个老职员，老职员到底经验丰富，很快就在李林的工作基础上圆满完成任务，反而得到了领导的赞赏。

其实，很多领导都深谙领导的艺术。在这个项目中，领导之所以同意把这么难的项目交给毛头小伙子负责，也是想要好好磨炼李林。等到李林把大部分工作都做完，再安排给老员工，老员工当然求之不得，因为这可是摘桃子的好事情啊。如此一来，领导既可以拿李林开刀，杀鸡给猴看，以批评李林的方式警示其他老员工，又可以卖个顺水人情，拉拢承接李林烂尾项目的老员工的心，可谓皆大欢喜。

其实，不管是对于刚刚大学毕业的职场新人而言，还是对于经验丰富又跳槽到新公司的职场老人而言，在进入新公司，置身于新的工作环境中时，一定要低调内敛，从而有效保护自己，避免被当成出头鸟，遭到枪打。实际上，上司对于很多职场新人都是比较宽容的，毕竟到了新的环境面对新的工作，每个新人都需要一段时间适应。在此期间，我们也正好可以韬光养晦，从而更好地观察工作的环境，这对于我们未来的职业发展是完全有利的。

很多时候，未必着急就能出成果。尤其是对于很多充满豪情壮志的年轻人而言，与其把自己当成救世主，不如以谦虚的心态多多向经验丰富的老员工请教、学习，这样不但能够给他人留下良好的印象，也能够让我们留下杀手锏，等到时机成熟时再表现出来，反而事半功倍。

第11章

下定决心发起狠，不达目的决不罢休

毋庸置疑，人的时间和精力都是有限的，如何把有限的生命投入到最高效率的生活与工作中去，其实需要我们掌握很好的技巧。诸如，一个人如果有一个远大的梦想，并且能够为了实现梦想坚持不懈地努力，那么他最终很有可能获得成功。即便没有真正成功，那些在实现梦想的过程中付出的努力辛劳，也都是他人生最大的收获。相反，有些人看似聪明伶俐，心比天高，总是为自己制定很多远大目标，最终却因为三心二意，导致一事无成。一个人如果真的希望获得成功，就像给果树修剪枝干一样，必须让自己下定决心，不达目的誓不罢休。

坚持目标，努力才有成效

现代社会，生存压力越来越大，职场上的竞争也更加激烈。要想适应现代社会的要求，我们就必须努力充实自己，坚持终身学习，这样才能与时俱进，及时更新自己的知识储备，从而为自己的人生奠定良好的基础。也因此，现在有越来越多的家长朋友们，望子成龙、望女成凤的心更深更切，恨不得让自己的孩子还在娘胎里时，就开始开足马力学习。几个月的孩子，就开始由父母陪伴着参加亲子班的学习，还有的孩子刚刚一年级，就开始练字、学习英语、补习奥数、进行语文拓展学习……此外，更别说那些琴棋书画等才艺班了。总而言之，家长完全把自身的压力转嫁给孩子，美其名曰为孩子好，实际上只是自己的内心不够淡定，因而就残忍地剥夺了孩子的童年。

记得我们小时候上学时，下午早早放学，然后背着妈妈亲手缝制的布书包，书包里只有薄薄的几本书，就开始四处溜达着玩耍，抓青蛙，抓蝌蚪，抓蜻蜓……简直玩得乐不思蜀。每到周六日，快快写完老师布置的作业，更是可以无忧无虑地四处玩耍，只有肚子饿了才想到回家。现在的孩子呢，每天放学时间的确是顺应国家的号召，变得越来越早了，三点就准时放学。但是回家之后，马上就要埋头写作业，吃完晚饭，更是要写到七八点钟。尤其是节假日，孩子们就变得更加忙碌，和爸爸或者妈妈，或者骑着电动车，或者打车，一天至少要参加两门课外班的学习，更有的孩子，一天要转战三个战场，学习不同的科目和特长。有的孩子，在正常学校的学习之余，报名参加了九门课外班。

在为孩子抱不平的同时，我们也不由得深深钦佩那个家长的恒心和毅力。别说孩子学习有多累，就算是家长陪同孩子也必然万分辛苦。我只想说，假如家长能够把如今对待孩子的辛苦付出用哪怕一半在自己当初的学习上，那么现在也就不会把如此沉重的期望和负担全都转嫁给孩子了。不得不说，这是孩子的悲哀、家长的悲哀，也是整个时代的悲哀。

难道孩子学习更多的课外班，就一定能够成才吗？事实恰恰相反。适度的课外班能够帮助孩子们养成良好的学习习惯，开拓视野，发散思维，但是过多的课外班则会分散孩子的精力和注意力，从而使孩子无法专心学好学校的课程，导致孩子陷入迷惘和焦虑之中，反而得不偿失。所谓三百六十行，行行出状元。这句话的意思是说，一个人不管从事什么工作，只要专心投入，坚持不懈，总能干出一番成就，而并非指的是一个人必须干完三百六十行，才能成为各行各业的翘楚。所以，不管是家长朋友们，还是职场上的朋友们，都应该认清楚这个道理，让孩子和自己做到术业有专攻，从而把自己的学习或者是工作，做到最好。

法国著名的短篇小说家莫泊桑，很小的时候就才华横溢，与众不同。有一天，舅舅带着莫泊桑，一起去拜访赫赫有名的作家福楼拜。原来，舅舅是想借此机会让福楼拜收下莫泊桑当学生。但是，莫泊桑面对福楼拜毫不胆怯，而是问福楼拜都有哪些本领。对此，福楼拜也反问莫泊桑，莫泊桑洋洋自得地说："我无所不能。"

随后，福楼拜让莫泊桑说说自己一天的学习情况，莫泊桑得意地说："每天，我上午都用两个小时读书写作，两个小时用来弹钢琴。下午，我会花三个小时踢足球，然后再用一个小时向邻居学习汽车修理的技术。到了晚上，我会去烧烤店当个学徒，学习如何制作美味的烧鹅。等到了周末的时候，我就去农村，去田地里学习种菜。"说完，莫泊桑反问福楼拜："怎么样，我每一天都过得很充实吧。那么你呢，大作家，你是如何安排自己的一天的？"

福楼拜笑着说："我上午、下午和晚上，分别都会花四个小时来读书写作。"听到福楼拜的回答，莫泊桑疑惑不解："难道您其他的什么都不会吗？”福楼拜没有回答莫泊桑的问题，而是问：“那么你什么都会干，你到底有没有一件事情做得特别好呢？”莫泊桑哑口无言。

沉默良久，莫泊桑问：“那么您呢，您把哪件事情做得特别好？”福楼拜坦然回答：“写作。”

的确，所谓特长，就是专心致志地做好一件事情，把这件事情做到极致，做到出类拔萃、无人能及。小小年级的莫泊桑并不懂得这个道理，反而为自己什么都会做感到骄傲与自豪。恰恰是因为做的事情太多，才导致他无法专心致志地做好某件事情，最终导致他一无所长。明白这个道理之后，他才能成为举世闻名的大作家，把写作短篇小说这件事做到举世皆知，无人能及。

朋友们，人的时间和精力是有限的，人生的生命也是短暂的。我们要想拥有充实的、高效率的人生，就必须对我们的人生有所安排和规划，也要对那些看似很绚烂的理想或者梦想做到合理地取舍，这样我们的人生才会变得与众不同，越来越接近成功。

全身心投入，才能把事情做好

现实生活中，有很多人看似每天忙忙碌碌，最终却一事无成。究其原因，他们的忙只是看起来忙，只是形式上的忙，而他们在忙碌的过程中并没有真正用心，因而导致他们效率低下，不见成绩，最终变成穷忙、白忙和瞎忙一场。

哪怕只是做一件简单的事情，要想把事情做好，我们就必须全身心投入。只投入时间和精力是远远不够的，我们还要投入心灵和思想。要知道，这个世界上没有从天而降的成功，每个人要想获得成功，就必须具备兢兢业业、脚踏实地的精神。浮躁的人，哪怕平日里再怎么心浮气躁，要想做好一件事情，也必须杜绝心猿意马，更不要不求甚解。尤其是在面对学习和工作时，我们一定要有钉子精神，不遗余力地刻苦钻研，这样我们才能真正发现问题，也才能深入实际，彻底解决问题。

和脚踏实地、全身心投入的人相比，大多数失败者都是因为“身在曹营心在汉”才导致失败的。举个最简单的例子，假如我们只是身体到达了工作或者学习的现场，心灵却神游物外，去了爪哇国，那么我们能够听清楚老师的讲解或者是上司的命令与安排吗？三心二意是做不好事情的，这一点我们在小学课文《小猫钓鱼》那一课，就已经有了深刻认识。

1953年夏天，刚刚大学毕业的袁隆平，来到位于湖南省的一所农校担任教师。从此之后，他在十九年的时间里始终站在三尺讲台之上，教授给无数的学生知识。1954年，他主要负责教授植物学。为了让学生们更加深入地了解植物学，他对于每一个细小的问题都不放过。他还练成了徒手切片技术，帮助学生们在显微镜下更加细致地观察细胞的结构。为了回答在与学生交流过程中遇到的问题，他更是不辞辛苦，去到天地间，亲身实践，寻找答案。

众所周知，袁隆平成功研制出了杂交水稻。对于全中国乃至于全世界来说，这都是影响深远的。由于水稻雌雄同花，很难清除掉每一朵雄花，进行杂交，所以他所面临的首要难题，就是培育出只有雌花的水稻，这样才能顺利与其他品种进行杂交。在当时，整个世界对于这个问题都无计可施，袁隆平却迎难而上，最终找到一株天然的没有雄花的水稻。

当然，这个寻找的过程并不容易。袁隆平走到辽阔的土地中，走入水稻的稻田里，去寻找这样一株他理所当然认为应该存在的水稻。他每天都顶着烈日炎炎，在稻田里弯腰寻找。直到14天之后，他才找到一株水稻，这株水稻雄花不发育，性状与众不同。接下来展开的实验过程中，袁隆平更是始终保持严谨的科学态度，不允许有分毫的误差。他在一年的时间里需要进行一万多组实验，他对于每组实验都毫不懈怠，严格按照科学要求进行。正因为如此，他才能成为当之无愧的“杂交水稻之父”。

可以说，袁隆平这一生只做好了一件事情，那就是对于水稻的研究。正是这件事情，使得他青史留名，举世皆知。和那些平日里庸庸碌碌、不停忙碌的普通人相比，他无疑是成功的。他的成功就在于他专心致志，心无杂念。

朋友们，如果你们总是这山看着那山高，做了这件事情又想做那件事情，不如从现在开始，摒弃自己的私心杂念，也把有限的时间和精力，用于最值得你付出的事业上去吧。我们唯有心无旁骛，才能专心致志地经营好人生之中最伟大的事业，从而让自己收获成功。记住，身入，心也要入，才能全身心投入，经营好人生。

和聪明相比，勤奋更重要

很多父母或者长辈在夸赞孩子的时候，总是夸孩子“聪明”。殊不知，聪明对于任何人而言都不是最重要的，要想让人生有所成就，排在聪明之前的更重要的品质，是勤奋。一个人可以不聪明，但是必须勤奋。所谓勤能补拙，当一个人足够勤奋时，他必然能够因为勤奋弥补自己在聪明上的欠缺，从而笨鸟先飞，获得成就。与此恰恰相反，假如一个人很聪明，却只愿意躺在床上想出各种金点子，而根本不愿意把自己的聪明想法付诸实践，那么他的一切想法都只能是空想，他最终必然一事无成。而且，加上他缺乏实践经验，导致他的聪明也会因为脱离实际而渐渐衰退。毕竟，整个世界都在争分夺秒地发展，一个人闭门造车，是不可能想出真正的金点子的。

正如人们常说的，书山有路勤为径，学海无涯苦作舟。从这句话我们不难看出，一个人要想有所成就，必须非常勤奋。如果说成功一定有什么捷径或者是秘笈，那么就是勤奋、努力。人的智力是天生的，我们也许不是高智商者，但是我们可以决定自己是否勤奋。假如我们在不断地努力付出之中积累丰富的经验，我们自然会变得更加明智理性，这也相当于间接提高了我们的智商。

有个男孩很聪明，在进入小学阶段的学习后，每次考试成绩都很好，父母也总是夸赞他“聪明”。然而，等到一年之后，他学前阶段积累的那点儿知识基础不占据优势了，他的成绩开始下滑。对此，妈妈感到很纳闷，根本不知道问题出在哪里。

有一次，妈妈去给男孩开家长会。会后，老师特意留下妈妈，和妈妈聊了几句。老师委婉地问妈妈："孩子一年级时学习成绩一直不错，你们都是如何夸他的呢？"妈妈毫不迟疑地说："我和爸爸，都会夸他聪明。爷爷奶奶和姥姥爷，也夸他聪明。"老师恍然大悟，说："这就难怪了。自从进入二年级后，学习内容更加深入。每次我督促孩子好好抄写和记忆，多多练习，他总是说'老师，放心吧，我这么聪明，不努力也能记得住'。渐渐地，他的成绩越来越差，这也影响了他在学习上的信心。虽然他现在不再以聪明自诩，但是他也没有那么大的自信了。"妈妈意识到问题的严重性，有些不好意思地继续听老师说着。老师接着说："其实，决定孩子未来成就的，并非是他是否聪明。一个孩子小时候也许的确表现出聪明的模样，但是随着渐渐长大，面对越来越深入的知识，他必须勤奋努力，才能学好。希望你们以后都夸孩子勤奋，不要使他误以为只要聪明，自己就会无所不能。"妈妈连连点头。果不其然，在孩子再次取得有进步的成绩后，妈妈和爸爸全都异口同声地夸奖孩子很勤奋，并且潜移默化地告诉孩子，唯有勤奋，才能始终在学习上保持优势，使得成绩遥遥领先。可想而知，孩子在爸爸妈妈的夸赞下，渐渐改变学习心态，因而成绩也得到了缓慢提升。

现代社会，孩子们都是优生优育而来的，每个孩子都很聪明。因此，除非是智商特别高的、超常的孩子，否则大多数孩子在智力的起跑线上，都处于相同的位置。作为父母，要想帮助孩子赢在起跑线上，就要端正孩子的心态，让孩子意识到唯有勤奋，才能占据优势，也才能在学习上一往无前。

现实生活中，每个人都有梦想，每个人也都渴望成功，都想找到一条捷径让自己一蹴而就地获得成功。不过，成功从来不会从天而降，每个人在通往成功的道路上，都必须辛苦耕耘，勤奋努力，从而才能改变命运，为自己争取到更好的未来。

尤其是现代社会，生存压力这么大，职场竞争日益激烈。我们必须依靠自己，才能在这个社会中谋求一席之地。正如人们常说的，机会永远只留给有准备的人。我们要想抓住机会，就必须时刻准备着，不要松懈，更不要懈怠，这样才能用我们的双手和我们的大脑一起联合起来，在人生的战场上努力博弈，获得胜利。所谓天道酬勤，说的正是这个道理。要知道，人的一切收获并非是天上掉馅饼的好事，一分耕耘，一分收获，我们唯有付出辛勤的汗水和泪水，才有可能得到命运的青睐，获得成功。

脚踏实地承担责任，人生才能发展

现实生活中，有很多人到中年的时候，对于人生有着小小的失意，因而总是喜欢说“假如我当时能够坚持一下”或者是“假如我当时有好学校上”或者是“假如有人当时能够提点我”，那么“我的人生一定会有更好的发展”。的确，家庭背景、生活环境，甚至包括父母的教育经历和文化水平在内，对于我们的人生都会有深远的影响。好的环境的确能够成就人，但是不好的环境也未必就会使人埋没。很多成功者都出身贫寒，甚至很少有机会改变命运。也正因为如此，他们不遗余力地抓住人生的每一个机会，哪怕冒着失败的风险，也在所不惜。因为他们的环境已然很差，哪怕再差一点，也没关系。这正应了民间的那句话，“光脚的不怕穿鞋的”。当环境非常糟糕，甚至糟糕到不能再糟糕时，我们唯一需要的就是积极展开行动，从而以实际行动改变自己的现状。也许一切会改变，但有可能也并没有如同我们预期的那样变好，但是至少我们为自己争取到机会。

简而言之，客观因素和主观因素都会影响我们获得成功。所谓客观因素，也就是我们生存的外部环境，而主观因素，则是我们自身各种素质和观点形成的内部环境。内部环境有很多因素，其中最重要的因素就是责任感。细心的朋友们会发现，不管是企业招聘，还是女孩寻找人生的另一半，都会把责任感放在首位。的确，一个人如果缺乏责任感，就会没有担当，不管把工作还是自己的人生交给这样的人，无疑都是使人不放心的。可以说，责任感是我们的内部环境诸多组成要素中最重要的核心因素。一个人只要有责任感，就能够督促自己承担起该负的责任，不管什么时候，都要求自己是个顶天立地的人。相反，一个人如果缺少责任感，就无法在危急关头成为顶天立地的栋梁，也就无法成为他人值得依靠和信赖的人。

在学习上，责任感为我们提供学习的内驱力。在工作上，责任感也是巨大的动力，能够促使人们积极主动地工作。我们唯有具备责任感，知道学习和工作对于我们人生的重要意义，才能满怀激情地投入学习和生活之中，从而发挥自身的巨大潜能，最大限度地创造自身的价值，拥有成功的人生。

大学毕业后，金融专业的莹莹在父亲战友的帮助下，进入上海最大的金融公司实习。当然，实习只是第一步，莹莹很想借此机会好好表现，争取留在这家公司继续工作。不过，莹莹并非急功近利的姑娘。她很清楚，如今是市场经济时代，每一家用人单位都不会养着闲人，自己只有表现出实力，才能在短暂的三个月实习期里，得到上司的认可与赏识，这样留下来自然也就多了几分希望。

和莹莹一起进入该公司实习的，还有其他九名实习生。毋庸置疑，大家都想留在这家公司，继续开始人生的辉煌之旅。因此，每个人似乎都卯足了劲，恨不得好好表现，让上司现在就钦点自己。然而，上司当然也需要利用这三个月的时间好好观察这些实习生，因而大家都各怀心事。

一个周五的下午，马上就要下班了，上司突然来到办公室，对同事们说："各位，我突然接到一个紧急任务，要求周一就要交活。有谁愿意牺牲周末的时间，加下班呢？"听到上司的话，大家全都面面相觑。上司接着说："当然，我也知道时间紧张，而且这个活儿正常需要五天才能干完，但是加上今天晚上，到交活只有两天和一晚上的时间。所以，大家都要斟酌一下，我也事先声明，没有金刚钻，别揽瓷器活。我需要漂亮地完成这次突击。"听到上司这么说，有几位同事索性低下头，生怕上司注意到自己。足足几分钟过去了，还是没有人愿意主动承担这份工作。这时，莹莹站起来说："我来做吧，我正好借此机会学习了。"上司有些迟疑地看着莹莹，毕竟这次时间紧，任务重，而莹莹又是新人。莹莹似乎看出上司的疑虑，因而说："放心吧，领导。我保证完成任务。"

就这样，莹莹一个周末早起晚睡，在周日晚上圆满完成了任务，把做好的表格发到了上司的邮箱中。上司把表格交给客户之后，客户非常感谢，也因此，上司对莹莹感到很满意。当然，莹莹也为此付出了代价，看看她的两个黑眼圈就知道了。不过，莹莹觉得自己能有机会得到上司的认可与肯定，这一切付出都是值得的。果然，在三个月试用期满后，莹莹成为十个实习生之中留下来的两个实习生之一。

一个不愿意付出，不愿意承担风险的人，也必然无法证明自己的实力，更因为在危急关头的退缩，无法得到上司的认可与赏识。由此一来，上司有了好的机会，自然不会第一个想到他。所以在职场上，我们要想让自己出类拔萃，就要勇敢地承担责任，这样才能成功吸引上司的目光，走入上司的视野，也才能更进一步地展示自己，让自己胜人一筹。

很多大学生也许会因为自己毕业的大学不是名牌大学，或者觉得自己的学历不如其他同事高，而自惭形秽。其实，这都不是最重要的。只要你拥有了敲门砖，进入理想的公司，接下来的就是忘记自己的劣势，展示自己的优势——责任心。要知道，在任何一家公司，上司都会赏识那些有责任心的人。因为一位下属如果没有责任心，就无法把工作做好，必然也会给上司带来很多麻烦。所以朋友们，无论如何，我们都要拥有责任心。正如很多喜欢投资的人都知道高收益伴随着高风险一样，我们要想在职场上得到丰厚的回报，也就必然要承担更大的责任。

有头有尾，充实度过每一天

中国人做事情历来讲究善始善终，用大白话来说，就是有头有尾。这与很多人做事情有始无终，虎头蛇尾恰恰形成了鲜明的对比。毋庸置疑，有头有尾当然是好的，虎头蛇尾当然是不好的。一个人要想让自己的人生更加给力，就要力争虎头豹尾，这样才不会半途而废，也能够以此成就自己的圆满人生。

早在古代，老子就告诫人们做事情要慎终如始。这就是告诉我们，大多数人开始时都轰轰烈烈，但是在结束时，却总是仓皇收场。要想拥有好的结尾，我们就要像对待开始一样慎重对待结束，从而做到有始有终，有头有尾，也不会因为结尾过于仓促和不够圆满，落人以话柄，更避免了人生的遗憾。

现代社会，很多人原本都是有可能成功的，却因为各种各样的原因，导致最终的失败。究其原因，并非因为他们不够努力，也并非他们不够优秀，而只是因为他们在成功即将到来时，因为身心俱疲而懈怠，所以导致他们不仅失去了最初的热情，也忘记了最初的目标。我们必须记住，一个人只有笑到最后，才是笑得最好的。

众所周知，黎明前的黑暗是最黑的。所以黎明需要孕育更强大的力量，才能突破这至深的黑暗。成功也是如此，很多时候，我们以为自己已经精疲力竭，无法继续坚持下去，却发现原来我们已经付出了99%的努力，只是因为最后不能坚持，导致因为1%的不足与成功失之交臂。所谓行百里者半九十，大多数情况下，我们即使只缺少最后一步，也会导致全盘的崩溃和坍塌。所以朋友们，人生不易，且行且珍惜。千万不要在关键时刻轻易放弃，要知道成功就在前方不远处像你招手呢！很多时候，我们放弃，并不仅仅意味着前面的一切付出成为了无用功，甚至还会导致我们必须承担比不做更加恶劣的后果。所以，我们必须慎重对待事情的结尾，为事情画一个圆满的句号。

大学毕业后，作为同学的小张、小李和小王，一起进入同一家公司成为实习生。原本，他们与公司签订的合约上注明了试用期是三个月。但是，他们刚刚工作了两个月，就接到了上司的通知，要求他们去上司的办公室面谈。

毫无疑问，这三个人都想得到这份宝贵的工作机会，因而他们全都忐忑不安，不知道自己到底哪里做错了，居然提前一个月就要接受这份残酷的面谈。到了上司办公室，出乎他们的预料，上司首先肯定了他们两个月以来的工作表现，他们原本对此沾沾自喜，心中悬着的石头也落下来了。没想到，上司突然话锋一转，说："遗憾的是，我们公司因为结构调整，眼下不再需要实习生，所以不得不遗憾地通知你们，你们要提前结束实习了。不过，今天晚上公司有个紧急任务，需要大家集体加班，希望你们能够站好最后一班岗，让你们的实习工作圆满结束。"这三个人的心就像是做了一趟过山车，先是到达天空中飞翔，后来又落入谷底。上司说完这番话之后，他们全都面带沮丧地走回自己的工位上。无疑，小张、小李和小王都很失落。不过，小张暗暗下定决心：既然是在公司的最后一晚上工作了，那就把事情做到尽善尽美。想到这里，他拿出上司交给他的表格，开始认真地整理数据，一丝不苟。小李和小王呢，知道结局无法改变，因而一改往日里精神抖擞的模样，对待工作三心二意，敷衍了事，很快就完成数据整理，草草上交，收拾背包回家了。

次日，工作到凌晨刚刚睡下的小张，接到了上司的电话。在电话里，上司恭喜小张通过了公司的考核，可以提前转正。小张兴高采烈地去了单位，找到上司报道，却没有看到小李和小王的身影。经过一番询问，他才知道小李和小王被淘汰了。原本，昨天晚上上司与他们之间的谈话以及分派给他们的任务，就是想要考验他们是否有责任心，做事情能否善始善终，有头有尾。毫无疑问，小张经过了考核，而小李和小王，则被无情地淘汰了。

人们常常用"当一天和尚撞一天钟"来形容那些对待工作敷衍了事的人，然而，即便是敷衍，也要把钟撞好了，才对得起和尚的称号。换言之，不管是对于生活还是工作，我们都要站好最后一班岗，不是为了别人，而是为了自己的内心安宁，也对得起自己此前的努力。

做事情有头有尾的人，即使没有外界的压力，他们也会因为自身的"完美主义情节"，竭尽所能地把事情做好。与此相反，一个人如果做事情虎头蛇尾，有头无尾，那么他们必然无法为了获得成功，而进行持之以恒的努力。朋友们，不管面对什么事情，我们都要像事例中的小张一样，竭尽所能把事情做到最好，给自己一个完满的交代。

一旦认准目标，就要一往无前

记得曾经有人说，这个世界上最怕的就是“认真”二字。的确，一件事情无论难度多大，只要我们专心认真，不遗余力地努力去做，就能够把难变成简单，从而最终获得成功。一个成功的人也许需要具备很多优秀的品质，但是对他们而言，最优秀的品质就是认真。假如一个人始终在成功的路上奋力前行，而没有真正获得成功，那么也就意味着他还不够认真。那么，何为认真呢?

在小学阶段学习计算题的运算时，所谓认真，指的是对每一个数字都看得真真切切，而且在运算过程中也一丝不苟，绝不因为粗心大意导致出现错误。当我们长大成人，无须面对学习的挑战，那么对于生活和工作，我们也要采取严谨认真的态度，从而投入我们的生命，付出我们的感情，让我们用全部热情燃烧未来，获得成功。所谓认真，就是要坚持不懈，永不放弃；所谓认真，就是要全身心投入，绝不疏忽懈怠；所谓认真，就是要不遗余力，让人生在我们热情的双手上绚烂燃烧。

那么对于我们的人生目标，我们更要慎重对待，一旦确立目标，就要坚持不懈地朝下走，永不放弃。纵观古今中外，大多数成功者之所以成功，就是因为他们为了实现目标而不遗余力，坚持不懈，从不放弃。有人也许会觉得目标很远大，或者梦想过于脱离现实，其实这都不是问题。重要的在于，我们不要因为对未来心怀恐惧，就提前禁锢自己的脚步，让自己寸步难行。要知道，无数个想法也并不能帮助我们迈出通往成功的第一步，只有切实去做，我们才算是真正开始走向成功，哪怕是小小的一步，也是值得欣喜和鼓舞的。

小严本科毕业后，进入某知名大学附属的一家出版社工作。因为这家出版社主要出版大学教材，所以里面的编辑至少都是研究生毕业，还有很多都是博士，甚至是博士后、大学教授。对此，小严觉得压力很大。尽管她所在的是市场部门，她的工作也主要是四处奔波，联络那些订购他们图书的学校，但是她在诸多的专家学者面前，依然感到自惭形秽。毕竟，整个出版社，只有她这一个本科生。

然而，她安慰自己：“术业有专攻，就算这些老师学历很高，不也还是要依靠我四处推销教材嘛！”想到这里，她稍微感到平衡一些了。不过，她很快发现很多学历高的编辑，在专业能力上也并非很强，而只是仗着有头衔，就混日子。看到这种现象，小严更加提醒自己：“我一定要非常努力，才能高人一等，用实力证明自己的能力。”因为市场部仅有一人，小严几乎终年在外出差，但在入职的第一年教材的销量就提高了。渐渐地，小严在出版社的地位越来越重要，就连社长都要尊敬她几分呢！

如果小严在那些学历很高的同事面前退缩了，选择放弃这份压力很大的工作，或者自暴自弃，当一天和尚撞一天钟，那么她就很难有今日的成就。可以说，她的成功，是她的坚韧不拔，以及她勇往直前地朝着目标努力奋进换来的。所以，实力就是自己最好的代言，小严用自己在工作上的出色表现，为自己在出版社赢得了一席之地。

毋庸置疑，小严对待工作也是非常认真的。在确立目标之后，他马上就朝着目标不懈地努力奋进，所以最终才能坚韧不拔，实现自己的人生目标。要知道，大多数人在通往成功的道路上，缺乏的并不是机遇，也并非自身能力不足，而只是缺少一份认真与坚韧。只要我们坚定目标，勇往直前，我们就能比他人更多一些韧性和坚持，从而真正实现自己的人生理想，让自己的人生变得更加丰实厚重。

一百句空话也不如一次开始

对于人生，每个人都有很多的设想，也有无数个绚烂瑰丽的梦想。然而，世界上只有极少数人能够真正实现自己的人生目标，获得成功，大多数人不是在努力的过程中放弃，就是在还没有开始的时候就收兵，根本没有勇气真正开始。由此我们不难得出一个结论，对于成功，一百句空话也不如一次切实的开始。任何时候，我们唯有鼓足勇气开始前行，才能迈出通往成功的第一步，也才算真正走上了成功之路。

正如南宋著名诗人陆游在一首诗中写的那样，“纸上得来终觉浅，绝知此事要躬行”。无疑，很多事情道听途说，或者在想象中经历，与我们切身去经历和感受是截然不同的。众所周知，说不如做，言不如行，什么时候，我们才需要真正展开行动，逼迫自己不断前行。这一点他人无法做出明晰的界定，我们唯有根据自身情况，才能顺应形势，做出最明智理智的决定。但有一点是毋庸置疑的，即在这个世界上即便说得再多，如果缺乏行动的支持，都会变成大话和空话，说得再多，也不如踏踏实实地去做哪怕是一件最微不足道的事情。

对于世界上第一个吃螃蟹的人，有人赞美他非常勇敢，有人嘲讽他过于莽撞。殊不知，正是因为世界上有了第一个吃螃蟹的人，我们后来者才能安心地享受美味。正如当初番茄从国外传来的时候，第一个敢于吃番茄的人，让我们今天能够享受这份酸甜多汁的美味。因此，朋友们，如果你们曾经因为一件事情前无古人而感到犹豫不决，那么不如在慎重思考之后，勇敢地成为第一个尝试者。正如鲁迅先生说的，这个世界上本没有路，走的人多了，也便成了路。我们要说，这个世界上很多事情原本没有人敢做，有人做了，做的人多了，才会成为生活的常态。有些创新，会给我们的生活带来极大的便利。因此，朋友们，从现在开始，我们再也不要一味地沉浸在假大空的套话之中了。就让我们更加勤奋努力，勇敢无畏，第一个做那些从未有人做过的事情。我们也许会失败，但是同时也有了更多成功的机会，为我们的人生增光添彩。

一直以来，人们都觉得汽车是男人的情人，也象征着男人的身份和地位。因此，大多数汽车公司在开展汽车营销的时候，都把目光瞄准了男性客户群体，从而把宣传重点都放在男性身上。因此，他们对于汽车的宣传也更多地展示速度与力量，而很少关注女性对于汽车的偏好。

20世纪90年代，美国著名的福特汽车公司所做的汽车广告中，只有10%是针对女性客户的。后来，福特公司的一名广告策划经理罗伯斯对市场进行了长期深入的调查，最终发现女性购买者不但在客户群体中占据一定的比例，而且男性客户也很容易受到配偶或者是情人的影响。从两个方面来说，汽车公司要想取得营销的成功，就不能再像以前那样忽略女性客户，而要最大限度地关注女性。基于这个原因，罗伯特决定把当年至少60%的广告投入用来满足女性客户的需求。当罗伯特在广告策略的调整下取得重大成果时，公司上层管理者才意识到这个问题。正是因为罗伯特的先见之明，才使福特公司在女性市场上取得良好的营销效果，抢占了先机。当然，福特公司因此提高了销售额，赚取了很多利润，罗伯特也由此得到晋升，成为公司重要部门的经理。不得不说，这是一件双赢的好事。

也许有些企业管理者会觉得罗伯斯擅自做出这样的决定，是不符合公司管理规定和流程的。然而，好的商机转瞬即逝，幸好罗伯斯及时调整营销策略，才能抓住这样的先机，从而让福特公司比其他公司都抢先一步，获取利润。

我们做任何事情都是有风险的。熟悉市场的人都知道，高额的回报也必然隐含着高风险，但是我们并非看到风险就要规避，而是应该谨慎思考，从而权衡利弊，做出理智的决定。相比之下，命运更青睐那些敢想敢干的人，也愿意给他们更多的机会不断挑战和超越自我。当然，当你付出很多，承担很大的风险时，你或许会失败，但是更有可能的是，你会获得巨大的成功，甚至一鸣惊人。

在这个世界上，每个人都有独属于自己的位置，但是这个位置并非一成不变的。很多时候，随着客观环境的改变以及我们自身的进步，我们的位置会不断改变。人人都愿意出人头地，实现自己的人生理想，现实情况却是人生无常，我们唯有争分夺秒地努力奋斗和拼搏，才能竭尽所能地抓住更多的机会和机遇，从而真正改变人生，推动命运不断向前。

第 12 章

坚守理想，别因走得太远而忘记为什么出发

人生路上，很多人一旦出发就风雨兼程，然而人生的路实在太漫长了，而且在实现梦想的路上，我们总是要遭遇很多坎坷和挫折，最终便会忘却初心，不知道自己到底因何走到人生的这一程。记得最近有个初二女孩写的一篇作文深受好评，名为“愿你走出半生，归来仍是少年”。简单的一句话，说出了无数人的心声，谁又愿意在走出半生之后，却迷失了最初的自己呢！所以朋友们，我们一定要坚持理想，哪怕走出再远的路，也要牢记自己为何出发。

很多时候，你离成功只有一步之遥

众所周知，通往成功的路是漫长的。在熙熙攘攘的人群中，只有很少的人能够爬到人生巅峰，成为众人羡慕的成功者。大多数人都会默默无闻度过一生，或者在未曾开始之前就退缩，或者曾经努力过，但是最终却因为失去坚持的勇气和毅力，选择了放弃。其实，很多时候，你离成功只有一步之遥。我们必须知道，成功不是一蹴而就的。正如黎明前要经历漫长的黑暗一样，我们在成功之前，也必然要经历很多的坎坷挫折。在这种情况下，与其因为成功迟迟未到而抱怨，甚至是放弃，不如继续努力，坚持下去，赢得人生的收获与成功。

成功不是天上掉馅饼，我们大多数时候只看到成功者的耀眼光环，却没有看到成功者背后的辛勤付出。可以说大多数成功者都比普通人吃了更多的苦，感受到了更多的艰难和困惑。他们最终之所以能够超越困境，获得成功，就是因为他们持之以恒的努力。正如一位名人所说的，一个人之所以成功，只是因为他尝试的次数比失败更多一次。就像爱迪生发明电灯一样，如果他不是在尝试一千多种材料，进行七千多次实验后，依然坚持不懈地尝试，他又如何能够发明发明电灯，为全世界的人们带来光明呢?

纵观古今中外，大多数人之所以能够获得成功，就在于坚持。要知道，只有极少数运气很好的人才能一次努力就获得成功，大多数人的成功之路都很漫长，而且非常坎坷。即便遭遇无数次失败，有成功潜质的强者，也会再一次努力，决不放弃。因而朋友们，我们与其抱怨命运多舛，不如感谢命运给予我们磨难，让我们有更多的机会拥抱人生，创造未来。

有一对农村出来的兄弟一起结伴去大城市打工，他们原本以为大城市里遍地都是黄金，因而对于大城市有着无限憧憬。然而，等到真正来到大城市之后，他们才发现事实并非他们想象的那样。虽然大城市里经济发达，工作机会多，但是像他们这样既没有学历也没有工作经验的农村孩子，要想找到合适的工作，也并非容易的事情。

他们找来找去，挑三拣四，身上带的盘缠也渐渐花完了。无奈之下，哥哥只好与弟弟合计，一起去了一家公司从事推销工作。众所周知，推销工作是很辛苦的，而且也非常劳累。对于初来乍到的兄弟俩而言，又没有人脉关系，可想而知他们面临着多么艰难的情况。一连两个月，哥哥和弟弟整日在外面奔波，挨家挨户地敲门推销，遭遇了别人不少的白眼。但是，他们却根本没有任何成果，除了被拒绝，还是被拒绝。渐渐地，弟弟失去了耐心，也不愿意继续这样住在地下室里啃馒头，吃咸菜，喝白开水。为此，弟弟告诉哥哥他打算辞职，弟弟想去饭店当服务员，至少管吃管住，还吃得很好呢。然而，哥哥却劝说弟弟："什么事情，在刚开始的时候都很艰难。信我的，咱们再坚持一个月，如果还是没有任何成效，再辞职也不晚。说不定，我们明天就会签单了呢！"无奈，弟弟不听哥哥的话，当即就打电话和领导辞职了。次日，哥哥又是一整天的奔波，而且真的拿回来自己生平的第一张小小订单。而弟弟呢，找了一天工作，根本没有结果。后来的一个月里，弟弟一直在找工作中，哥哥却因为前两个月的积累，接二连三地签单，而且还签订了一张几十万的大订单，仅仅提成，就一下子赚到了几万元。看着哥哥一下子赚到了其他打工者一年的钱，弟弟虽然眼馋，但是依然坚定不移地要去餐馆当服务员。就这样，在接下来的好几年时间里，弟弟接连换工作，不但没有赚到钱，更没有真正稳定下来。哥哥呢，因为销售行业提成高，他对于销售工作越来越熟练，因而居然在几年时间里买房买车，如今已经成为公司的销售总监了。

事例中的哥哥和弟弟，起点实际上是完全相同的。哥哥除了比弟弟年长几岁之外，不管是家庭环境、成长经历还是来到大城市的时间，都和弟弟相差无几。然而，岁月是把杀猪刀，也是把锻造刀。在经过几年的努力之后，哥哥与弟弟的人生有了明确的分水岭，他们的命运更是天壤之别。假如弟弟当初能够和哥哥一样，再多努力一次，再多坚持一个月，即使弟弟现在未必有哥哥这么成功，但是至少也会比如今的境况更好。就像西方国家有个人开采金矿，在经过一段时间的努力之后选择了放弃，但是等到买他金矿的人继续开采时，只半米距离，就发掘出了金矿。原来，他距离金矿只有半米的距离，距离成功也只有一步之遥。

朋友们，每个人都渴望得到成功，包括你我在内。然而，成功并非从天而降，我们除了要付出努力获得成功之外，更要持续努力，坚持不懈，才能获得最终的成功。

真正的梦想，总是遭到无情的嘲笑

人生在世，每个人都有自己的梦想，每个人也都想实现自己的梦想。然而，有些梦想在最初说出来的时候，非但无法得到别人的支持，反而还会被别人无情的嘲笑。心理脆弱的人，也许就会因为这份嘲笑，放弃自己的梦想，只有真正的强者，才能继续坚持自己的梦想，一路向前，永不退缩。

其实，真正的梦想，总是带着些许的浪漫和理想主义的色彩，因而遭到嘲笑也是在所难免的。归根结底，梦想是我们心底里最瑰丽的梦。如果没有梦想，我们的人生又如何长出翅膀，在天空中自由地翱翔呢！毋庸置疑，每个人在追求梦想的过程中，都会遭遇重重的阻碍。有些梦想，甚至需要我们不遗余力、倾尽一生，才能得以完成。如果我们的梦想过于实际，能够得到每个人的理解，那么我们的梦想必然是平实的。不是说这样的梦想不好，而是所谓梦想，总是带着梦的色彩，带有几分不切实际的狂妄，才更具有挑战性。对于阻碍我们实现梦想的无情嘲讽，以及现实情况中的诸多阻碍，我们一定要坚决，拒绝软弱和畏缩，更不能后退。否则，我们一旦选择放弃梦想，就等于放弃了自己的人生目标，承认自己的梦想只是空想，是不切实际的水中花、镜中月。

要想追求梦想，我们就必须鼓起勇气，哪怕面对再大再多的困难和阻碍，也毫不退缩。不得不说，在踏出追求梦想的第一步时，是非常艰难的，我们自身也会有很多顾虑和考量，而且面对外界的各种压力，我们也会觉得压力很大。因而，我们必须一路坚持，一路前行，才能乘风破浪，即便遭遇再大的困难，也能够一往无前。

很久以前，有个叫戴维的盲童，告诉老师他的梦想是成为英国的内阁大臣。当时，老师布罗迪以及全班同学，都对戴维的梦想不以为然。因为成为内阁大臣即便是对一个健康的孩子而言也是很难实现的理想，更何况戴维还是个盲人孩子呢！若干年后，布罗迪整理阁楼时，发现了当年孩子们留下的梦想日记。他按捺不住内心的好奇，重新翻开这些在自己家中已经安然躺了五十年的日记本。只是随便看了几页，他就被孩子们当年形形色色的梦想和人生设计吸引住了。

从日记本中，他回想起当年那个叫彼得的孩子说自己想要成为海军大臣，理由是他曾经被海水淹没，喝了足足三升海水，都没有被淹死。还想起一个孩子说自己以后要成为法国总统，因为他能够说出法国大多数城市的名字。当翻阅到戴维的梦想日记时，他不由得感慨万千。要知道，戴维的梦想是想要进入英国内阁，而在当时，英国内阁有史以来从未有过盲人担任内阁大臣。看完孩子们的梦想日记，布罗迪突发奇想，他决定把这些日记发给孩子们，让他们在五十年后回顾自己童年时的梦想。

得知布罗迪的想法后，当地一家报纸决定免费为他刊登启事，寻找他当年的学生。果然，消息一经发出，布罗迪在短短的几天时间里就收到了学生们的来信，他们之中大多数人都默默无闻，只是普通人，少部分人成为政府官员、学者或者是商人。根据他们来信的地址，布罗迪把日记本寄给他们。

一年之后，布罗迪手中只剩下一个日记本无人来信索取，这就是戴维的日记本。他想，也许戴维已经死了，毕竟五十年的时间里世事难料，什么事情都有可能发生。正当布罗迪准备把戴维的日记本赠送给一家私人收藏馆时，他突然收到戴维的来信。戴维在信里告诉老师，他已经不再需要这本日记本了，因为他自从说出那个被人嘲笑的梦想后，就始终把梦想镌刻在心里。他还告诉老师，如今他已经实现了自己的梦想，成为英国第一位盲人内阁大臣。他用实际行动告诉每一个嘲笑他的人以及无数的世人，如果一个人能终生牢记自己幼年时被人嘲笑的梦想，那么他完全有可能真正实现梦想。

对于牢记在心的梦想，必将成为人生的引航灯，照亮人们前行的路。现代社会，孩子们从很小的时候就拥有自己的梦想，他们的梦想理应得到他人的认可与尊重。要知道，每个人树立梦想，追求梦想，再到实现梦想，必然要经过漫长而又艰难的过程。哪怕遭遇坎坷挫折与无情嘲讽，也依然对梦想坚定不移的人，才有可能真正实现自己的梦想。所以朋友们，当你们把梦想说出来的时候，不要怕被嘲笑，因为这恰恰意味着你们的梦想是值得赞许的，是非常远大的，也是真正的梦想。我们唯一需要做的，就是坚持不懈向着梦想前行。

梦想，实现了是理想，放弃了是空想

梦想家和空想家只有一字之差，他们的区别到底在哪里呢？所谓梦想家，是拥有远大梦想，并且为了实现梦想不懈努力，最终实现梦想的人。所谓空想家，就是只是拥有远大梦想，而根本不想实现自己的梦想，除了梦想之外没有任何行动的人。由此可见，空想家朝前走去，把梦想落实，就会成为真正的梦想家。反过来说，如果梦想家在有了梦想之后，懒于行动，就会导致梦想彻底落空，成为真正的空想，由此一来，梦想家也就堕落成空想家了。相信每个朋友都想要成为梦想家，而不想成为空想家，但是现实情况偏偏是，大多数朋友都是空想家，而没有成为真正的梦想家。由此可见，仅仅这一字之差，就造成了天壤之别。梦想家在实现人生梦想之后，成为或者是人生赢家，或者是人中龙凤；而空想家呢，则只能成为庸俗没落之人，再也无法重振人生。

举世闻名的美国西点军校有一句尽人皆知的名言，即“放弃之前，先问问自己是否真的已经拼尽全力”。的确，我们每个人在面对人生中的诸多挑战时，都应该问问自己是否真的已经拼尽全力。因为，一切的成功都来自于坚持。如果不坚持，就会导致功亏一篑，可谓遗憾。

大连万达集团的董事长王健林曾经说过，人生最难的就是坚持。要想实现梦想，真正获得成功，就必须坚持，坚持，再坚持。在《开讲啦》节目中，王健林曾经作为特邀嘉宾，讲述自己在部队生涯中的特殊经历。王健林十五岁正式进入部队，成为新兵蛋子不到一个月，就与全体官兵一起背起行囊进入东北的林海雪原进行野外拉练。要知道，那可是在零下几十度的东北啊，半条腿都被积雪掩埋了，即便自然条件如此恶劣，将士们每天依然要坚持走至少六十里路。夜晚，他们就在积雪中挖洞，藏在里面过夜。当然，对于那些体力不支的战士，也是可以请求援助的。他们可以坐上“收容车”，但是没有人愿意得到这样的特殊优待，因为这恰恰意味着他们的软弱和无能，也会直接导致他们与一切的先进和荣耀失之交臂。

过度的体能训练，使得王健林每顿饭都只能吃个半饱。有个老班长心疼小小年纪的王健林，因而提醒他下次盛饭先盛半碗，这样等到抢先吃完之后，就有机会再去盛满满一碗饭，如此一来就能吃饱了。果不其然，王健林听了老班长的建议，每次都能吃饱肚子了。即便今日回想起当年的经历，王健林依然感慨万千，他说现在的年轻人根本无法想象当时的艰苦。因为王健林始终想要超越同样是军人的父亲，所以他在军旅生涯中从来不叫苦不叫累。果然，他18岁入党，20出头就成为团队干部。正是在部队中养成的坚强精神和顽强意志，使得王健林在退伍之后成功创办万达集团。2016年，王健林的个人以及家族资产高达287亿美元，位居阿里巴巴的马云之上。

毫无疑问，王健林的一生，是实现了梦想的一生。迄今为止，他依然带着梦想奔跑在人生之路上。正如日本某部知名动漫中所说的那句话一样，“一个人可以接受失败，但是不要接受从未奋斗过的自己”。的确，每个年轻人都应该怀揣梦想，扬帆起航，这样才能在人生道路上越走越远，从而实现自己的梦想和理想，也让自己的人生变得充实厚重。

坚持是一种非常可贵的品质。战争年代，无数革命先烈正是凭着坚持的精神，才能在异常艰苦的条件下坚持战斗，赶走侵略者，建设新中国。虽然我们如今处于和平年代，但是坚持的精神同样重要。可以说，一个人如果不能坚持，就注定将会一事无成。

失败了还可以重头再来，不要认输

在海明威的《老人与海》中，桑迪亚哥老人虽然钓到了一条大马哈鱼，但是最终却遭到鲨鱼的袭击，在与鲨鱼奋战几天几夜之后，他才拖着这条大马哈鱼的骨架子精疲力尽地回到家里。一个人在海上，没有食物，只有少量的水，桑迪亚哥到底是如何奋力坚持下来的。其实，他靠的就是一种顽强不屈、绝不认输的精神。正如他所说的，“一个人可以被打倒，就是不能被打败”。从他的话中，从他的经历中，我们不难发现，一个人是否能够傲然挺立于天地之间，实际上就取决于心中的那口气。只要精神不倒，我们就能永远屹立，一切外在的困难都无法打倒我们，除非我们的生命结束。

人生在世，不如意的事情十之八九，很少有人的一生是一帆风顺的。也许有些朋友会说，看看那些成功的人，他们总是能够得到命运的眷顾。其实不然，成功的人非但没有得到命运的眷顾，他们之中的大多数反而遭受了更多的磨难。正因为如此，他们才能意志如钢，在从艰难坎坷中走出来之后，再也不轻易认输。很多人都曾读过普鲁斯特的《追忆似水年华》，对于普鲁斯特的闲情逸致，大多数人都觉得难以想象，他们理所当然认为普鲁斯特的人生是悠闲安适的，才会那么文艺那么悠然。作为普通人，整天都奔波忙碌，如何有时间去浪漫和遐思呢！其实不然。很多时候，人生的状态取决于我们的心态，而非人生的状态决定我们的心态。每个人都是有理想的，有很多女孩希望拥有三毛那样的浪漫人生，也有很多男孩憧憬着自己能像徐霞客一样游走天下。然而，在与现实的残酷较量中，只有很少的人最终实现了人生的理想，大多数人选择向现实妥协。

人们都说岁月是把杀猪刀，其实真正的杀猪刀不是岁月，而是生活。在生活中消磨地时间长了，人们原本柔软细腻的心灵就会变得越来越粗糙，甚至是麻木。曾经的小资情调，曾经的坚强不屈，在生活的磨砺中离我们渐渐远去。最终，我们只对赚钱感兴趣，再也找不到内心深处从生命中涌动出来的热情与激情，甚至感动也渐渐少了。所以朋友们，我们最重要的就是要保持一颗赤子之心，像桑迪亚哥老人一样，哪怕命运坎坷，遭遇无数磨难，也依然坚信自己不会被打败。

1864年9月3日，一连串的巨响，让原本宁静的斯德哥尔摩市郊震撼了。随着滚滚的浓烟冲上天空，火苗非常肆虐，直往天上蹿跳。在这短短的几分钟时间里，一场惨祸毫无征兆地发生了。人们心惊胆战，赶紧赶赴事故现场查看情况。只见现场火舌肆虐，原本屹立着的一座工厂，如今转眼之间变成了一片废墟。一位三十多岁的年轻人目瞪口呆地站在一边，看着现场的惨烈景象，脸色苍白，浑身颤抖。这个年轻人大难不死，后来为世界做出了巨大的贡献，他就是举世闻名的化学家诺贝尔。

诺贝尔亲眼看着自己一手创建的实验工厂在大火中变成灰烬。更加惨痛的打击接踵而至，在这次灾难中，诺贝尔正在读大学的弟弟以及他的四位亲密助手，全都被烧得失去人形，面目全非。得知小儿子去世的噩耗，诺贝尔的老父亲突发脑溢血，导致瘫痪，他的母亲更是伤心欲绝。然而，为了伟大的科学事业，诺贝尔为科学献身的精神毫未动摇。

警察当即封闭了惨案现场，而且严令禁止诺贝尔恢复工厂的使用。看到诺贝尔，周围的人们如同看到瘟神，没有人愿意再出租土地给诺贝尔进行这么危险的科学实验。面对这么多的挫折和冷眼，诺贝尔几天之后在远离市区的马拉仑湖上，租用了一艘平底驳船再次展开实验。他独自一人，全神贯注地投入实验。在他的勇气面前，死神也胆怯了。在无数次充满危险的实验中，诺贝尔非但没有炸毁驳船，反而发明了雷管。对于爆炸学而言，这是一次质的飞越。后来，他在德国的汉堡等地成立了炸药公司，他所生产的炸药简直供不应求。

如今的世界上，还有谁不知道诺贝尔奖呢！大家却很少知道，作为诺贝尔奖的设立者，化学家诺贝尔在科学研究的道路上付出过如此惨重的代价。假如他在遭遇挫折的时候选择放弃继续进行如此危险的科学实验，那么世界的进步就会推迟很长时间，诺贝尔本人也不可能获得如此至高无上的成就和荣誉。当然，诺贝尔的科学研究不是为了自己，而是为了整个人类。正因为他具有打不倒的精神，他才能在世界历史上留下自己的名字，供后世的人敬仰。

实现梦想需要漫长的过程，我们一定要怀着赤子之心，才能保持热情和激情坚持梦想。有些朋友觉得社会变化太快，其实不管社会如何变化，只要我们拥有赤诚之心，就能够对抗残酷的现实，永远向着梦想前进。

充实自我，才能不断提升和完善自我

现代社会，知识更新的速度非常快。假如说几十年前的大学生在大学毕业后，学校中学到的知识能够支撑他在几年甚至十几年的时间里不落伍，那么现在毕业的大学生，学校中所学的知识够走入社会用个几年就不错了，甚至有的知识一旦走出校门，就已经落伍了，因而现代的大学毕业生就业形势更加严峻，所以他们要以各种方式坚持学习，才能让自己与时俱进，始终为自己注入新鲜的知识。

一个人要想在现代社会更好地生存，就必须坚持活到老学到老。记得曾经有位学识渊博的学者说，一个人之所以成功，并非因为他曾经掌握了丰富的知识，而只是因为他始终保持着学习的良好习惯，能够终生学习。所以朋友们，不管你是高中生，还是大学生，也不管你是本科毕业，还是研究生毕业，甚至是博士毕业，毕业都并不意味着学习的结束，而是意味着你应该以更加积极热情的态度投入学习，边工作边学习，不但能够积累经验，也使得学习更有针对性，效率倍增。曾经有人提议，大学四年的课程连读其实有些浪费，不如读两年或者三年大学，等到参加工作一年后，再回到学校读剩下的一年，这样学习起来必然事半功倍，效果显著。不得不说，这样的提议也许思虑不够周全，但是从某些角度讲还是有道理的。

现代职场上，有的大学生刚刚走出职场，根本不知道天高地厚，以为自己大学毕业就足以胜任很多工作。殊不知，现代职场人才济济，并不缺少大学生，而缺少有能力有学识有经验的人才。要知道，这个世界上有独特能力、才华横溢的人很多。但是，很少有人能只靠天赋就取得成功。大多数人就算天赋很高，也必然要依靠不断学习和努力，提升和完善自我，才能如愿以偿获得成功。所以朋友们，千万不要盲目乐观，有时间的时候与其白白浪费时间，不如争分夺秒地学习，提升自己。所谓技多不压身，多掌握一些生存技能、提升自我，总归是不错的。还有些朋友因为生存环境过于安逸，始终缺少忧患意识，以为一切都会朝着自己设想和期望的方向发展。殊不知，命运多舛，很少有人能够一帆风顺。我们唯有把握好人生的方向，才能让自己的人生扬帆远航。

汉朝时期，当匡衡还只是一个少年的时候，他就表现出刻苦学习的品质。当时，匡衡的家里很穷，因而匡衡不得不在白天和父母一起下地干活，帮助父母养家糊口。只有等到日落西山时，他才能回到家里，也才有时间看书。然而，天色渐渐晚了，虽然匡衡有了时间，但是趁着夜色，他根本看不清楚书上小小的字体。虽然有钱人家都点油灯，但是匡衡家没钱买煤油灯，因此天黑之后，匡衡只能白白浪费睡觉之前的大段时间，无法看书，他为此感到心痛不已。

和匡衡家比邻而居的人家很有钱，每到夜晚，邻居家总是点燃很多煤油灯，把房间里照得灯火通明。有一天，匡衡鼓起勇气恳求邻居：“我想晚上读书，能不能在你家的窗户根坐着读书呢。我不会打扰你们的。”不想，邻居嫌贫爱富，根本瞧不起匡衡，因而刻薄地说：“你们穷得叮当响，还看书做什么呀！看书，也不能让你们富裕起来。”听到邻居的嘲笑和挖苦，匡衡很生气，因而更加下定决心要发奋读书，改变命运。

一个偶然的机会，匡衡发现邻居家与自己家共用的墙壁上有个小小的洞，从洞里透射出微弱的光。为此，匡衡灵机一动，赶紧找到一把小尖刀，把洞挖掘得更大一些。从此之后，匡衡就借助于洞里透过来的微弱光线，如饥似渴地读书。渐渐地，家里的书都被他读完了。思来想去，匡衡背起铺盖卷，来到村里的一户藏书很多的大户人家家里。他对这个大户人家的主人说：“我愿意白天免费为您干活，只要您允许我晚上点着煤油灯看您家里的书就行。”看到匡衡如此勤奋好学，主人深受感动，答应了他的请求。就这样，匡衡饱读诗书，学富五车，最终成为大名鼎鼎的学者，还官至汉元帝的丞相。

对于贫苦人家的孩子而言，学习的条件很艰苦，但是他们只有读书，才能彻底改变命运。假如匡衡当时不是这么勤奋好学，坚持在恶劣的环境中学习，那么他的家里根本没有钱供他读私塾，他的命运也就可想而知了。

和匡衡相比，我们如今学习的条件简直太好了。不但从幼儿园开始直到读大学，都畅通无阻。而且就算毕业之后走上工作岗位，我们也有很多方式学习，诸如报名参加培训班、公司里的免费培训、网上的学习课程、去各大图书馆读书，或者在线的电子书阅读。总而言之，只要我们想学习，我们就可以争分夺秒地学习。

只有勇敢抓住机遇，才能把握人生

众所周知，好的机会不是等来的。当然，机遇到来的方式多种多样，偶尔守株待兔的人也能得到机遇，但是这样的机遇少之又少。更多的时候，我们必须主动出击，创造机遇，才能成功地把握机遇，主宰人生。

毋庸置疑，机遇对于一个人的成功起到重要的决定作用。古人云，天时地利人和，其实说的就是机遇到来。假如一个人能力很强，准备工作也进行得非常充分，但是始终得不到机会表现自己，那么他就会被埋没，无法展示自己的才华和能力。就像神机妙算的诸葛亮，草船借箭的时候，哪怕准备完全，也必须等到风势正好，才能借助于风势，借来一船又一船的箭。这风势，就是诸葛亮千载难逢的好机遇。当然，这是大自然赐予的机遇。现实生活中，我们无法像诸葛亮一样做到神机妙算，更不可能精确掌握风势起来的时间，再加上我们需要的机遇并非大自然所能提供的，所以我们除了被动地等待之外，更要主动创造机遇，及时抓住机遇。

机遇并不会敲锣打鼓、大张旗鼓而来。在生活和工作中，我们一定要细心，才能通过认真细致的观察，找到机遇出现的蛛丝马迹，从而做好准备，迎接机遇的到来。有些人会因为粗心或者准备不够而错失机遇，还有些人即使面对机遇，也会因为瞻前顾后，导致无法抓住机遇。当然，未雨绸缪、思虑周全，是完全有必要的。但是如果面对机遇时瞻前顾后，始终拿不定主意，导致错过千载难逢的好机会，有可能就是错过了改变人生的好机会。遗憾的是，现实生活中有很多人习惯于放弃机遇，在机遇面前徘徊不定。他们或者是因为害怕，或者是因为欲望太多，导致不能在短时间内做出取舍。所以，我们除了要让自己鼓起勇气，勇往直前外，还要端正心态，懂得取舍之道，这样才能最大限度发挥自身的主观能动性，抓住机遇，创造辉煌的人生。

三国时期，十五岁的诸葛亮为了躲避战乱，和家人一起离开老家山东，隐居到湖北襄阳。十七岁时，诸葛亮隐居在隆中，位于襄阳城西。他虽然年纪不大，但是从小胸怀大志，时常以春秋时期大名鼎鼎的政治家管仲自比。他一边在隆中隐居，一边亲自耕种，还用大量时间读书，静观天下之变，只等待合适的机会再出山。为此，人们都赞誉他为“卧龙”。

汉末，军阀之间结束混战，天下大势已定。曹操势力强大，占据中国北方；孙权占据江东，势力略逊于曹操。除此之外，刘表、刘璋等军阀也各占一方，刘备虽然也有自己的军事集团，但是却数次被曹操打败，没有自己稳定的统治区域，只能不停辗转，打游击战。为此，刘备求贤若渴，“三顾茅庐”，去隆中请诸葛亮出山辅佐自己成就霸业。见到刘备之后，诸葛亮分析天下时局，有针对性地提出策略，这就是历史上赫赫有名的“隆中对”。刘备三顾茅庐，对诸葛亮诚意十足，诸葛亮也借此机会出山，成就自己。

果然，在诸葛亮的大力辅佐下，刘备联合孙权一起对抗曹操，在赤壁大战曹操，从而趁机夺取荆州，占领四川，攻下益州，由此形成魏、蜀、吴三国鼎立的局面。

对于刘备三顾茅庐，如果诸葛亮不停推脱，那么非但刘备无法成就大业，诸葛亮也会继续潜伏隆中，没有舞台施展自己的才华和能力。可以说，刘备的三顾茅庐不仅成就了自己，也成就了诸葛亮。朋友们，一旦发现机会出现在眼前，就要毫不迟疑地抓住机会，施展自己的才华，让自己出类拔萃。否则，随着时间流逝，人才辈出，即便你想出人头地，也会难度加大。

在面对机会的时候，我们当然要慎重思考，思虑周全。但是如果心知肚明机会千载难逢，我们一定不能犹豫，而要坚决果断，在第一时间做出选择。否则，如果我们习惯了放弃机会，也就相当于习惯了放弃自己，可想而知我们的人生必然默默无闻，根本没有任何值得炫耀和赞赏的成就可言。

第 13 章

光有狠劲还不够，你要学会让自己强大

现代社会，生活变得越来越复杂和繁琐。在生活的磨砺中，我们内心的清泉变得日渐干涸。我们的心灵花园中，鲜花渐渐凋零、干枯，甚至我们也不再具备那些我们曾经引以为豪的诸多优秀品质，诸如乐观、开朗、善良等。然而，我们不能舍本逐末，更不能本末倒置。当我们一味地奋斗与拼搏，我们难道不问问自己的初心到底是什么吗？难道我们与他人比的就是谁更狠？这是成功的定义与标准吗？其实，我们真正想要实现的是让自己变得强大，因为只有真正强大的人，才能走好自己的人生之路。

怀有“空杯”心态，时刻充实自己

如果你在一个杯子里装满石块，你会误以为杯子已经满了；当你抓起细沙撒入杯子，你会发现杯子其实没有满，因为杯子里还能容纳很多细沙；当杯子里装满了细沙，你又误以为杯子满了，实际上杯子还没有满，因为你还可以朝杯子里倒入很多水……一个杯子的容纳都是如此的强大，更何况我们的心灵呢？曾经有心理学家经过研究发现，人的潜力是无穷的。的确，人具有无穷的潜力，也具有无穷的能力，而且人心和杯子一样，也具有无穷的容量。对于爱学习的人而言，人的一生必须不断学习，不断成长，不断进步。在这个世界上，也许有很多人都喜欢吹牛皮，夸大其词，但是没有任何人敢说自己什么都懂，更不敢说自己是最成功的。

既然我们认可自己并非无所不能、无所不知，那么我们就要具有“空杯”心态，始终把自己当成一个空杯子，尽量学习更多的知识，让自己的内涵变得更加丰富。不过，现实生活中，有很多人有了小小的成就，就会自夸自大，甚至觉得自己不管什么情况下，都会无所不能、无所不知。殊不知，山外有山，人外有人，天外还有天呢，更何况是小小的我们。一旦牛皮吹破了，导致自己尴尬和难堪，那就怪不得别人了。要想保证自己不丢脸，谦虚谨慎，时刻保持“空杯”心态，是很有必要的。退一万步而言，整个世界都在不断地发展和进步，我们唯有与时俱进，才能不断更新自己，让自己跟上时代的脚步。

古人云，“逆水行舟，不进则退”，现实情况恰恰如此。不管是在生活还是在工作中，我们都要保持进步的姿态，才能一直顺应形势向前发展。否则，我们就会被时代的洪流甩下，无可奈何地退步。细心的朋友们会发现，那些出类拔萃的人之所以获得成功，之所以让自己的人生与众不同，就是因为他们在一生之中从未停止过前进的脚步。他们为何能够做到这一点呢？就是因为他们始终怀有空杯心态，始终对自己“心怀不满”，所以才能始终督促和鞭策自己不断进步，奋勇向前。

曾经，有个颇有造诣的年轻人去深山古刹中拜访一位老禅师。原本，他是想向老禅师求教的，但是当看到老禅师其貌不扬的样子后，他不由得对老禅师心生不敬，暗暗想道：“老禅师名声在外，但是看起来貌不惊人，估计造诣未必有我高吧。我不相信，在这人迹罕至的深山古刹中，真的会有世外高人呢！”老禅师却与年轻人恰恰相反，他对年轻人毕恭毕敬，而且还亲自为年轻人倒茶。这下子，年轻人更加洋洋自得。不想，老禅师已经倒满了年轻人眼前的杯子，却还在倾斜着茶壶，不停地往杯子里倒水。年轻人误以为老禅师走神了，因而赶紧提醒老禅师：“大师，杯子已经满了，您为何还往杯子里倒水啊！”老禅师这才高深莫测地说：“的确，杯子已经满了，为何还要往杯子里倒水呢？”年轻人听出了老禅师的话外之音，不由得羞愧得满脸通红。的确，既然自己自以为是，为何还来向老禅师求教呢！想到这里，年轻人赶紧叩谢老禅师，继续回家修行去了。

对于一杯已经真正满了的杯子，无论如何，我们也无法在其中装入更多的东西。幸好，我们的心不是真的杯子，因而我们可以自己思考我们是空杯，还是满杯。要想保持学习的状态，时刻学习，我们就必须把内心深处的杯子倒空，这样我们才能继续努力学习，拥有好的心态。

当然，杯子只是一种载体。为了让杯子更好地发挥容纳功能，我们首先要进行自省。古人云，“一日三省吾身”，假如我们不善于自省，就会导致对自己缺乏明智理性的认识，从而导致我们不知天高地厚，盲目自以为是。因而，我们要认清楚自己，也要分清楚自己的分量。其次，我们还要知道自己需要的是什么知识。毋庸置疑，每个杯子都有自身独特的容纳功能，假如我们一味地学习，学到的却是无关紧要也根本派不上用场的知识，那么我们的学习就是毫无意义的，反而会变成一种负累。凡事都要讲究针对性，我们作为空杯子，在容纳世界时，也要有目标。总而言之，人无完人，人也不可能自动地与时俱进，我们必须保持良好的学习习惯，才能顺应形势，充实自我。

相信自己，你会变成你所期待的样子

生活中有一种非常奇怪的现象，即原本非常平庸的人，每日幸福快乐的生活，最终他反而活出了自己有滋有味的人生。这到底是为什么呢？实际上，这就是期待的力量。记得曾经有人说过，如果你想让一个人变成你所希望的样子，你就要赞美他，这样他日久天长必然越来越符合你的希望。同样的道理，我们无须用赞美改变自己，但是我们却要对自己满怀期待。相信自己，只要你坚持期待，你终会变成你所期待的样子。

与期待自己的人恰恰相反，那些对自己心怀不满、喋喋不休的人，最终非但没有以抱怨和牢骚把自己变得更好，反而把自己变得越来越差。这也涉及到心理学的知识，即自我否定和自我抱怨，最终产生了强大的自我暗示效果。相反，自我期望形成的则是自我肯定和自我憧憬，效果当然也会有。所以聪明的朋友们，从现在开始，你们是否定自己，还是肯定自己呢？你们是抱怨自己，还是期待自己呢？相信你们一定会做出明智的选择。

小鱼大学毕业后就进入一家公司工作，一晃已经五年了。因为他在工作上出色的表现，所以上司非常认可和欣赏他。前段时间，小鱼的上司跳槽，还特意把小鱼推荐到他的职位上呢。对此，小鱼非常感谢上司。

然而，从基层的岗位一下子进入管理角色，小鱼有些不适应。尤其是面对以前的那些同事、如今的下属，小鱼更是冷不下脸来管理他们。就在小鱼上任才一个多月，他的部门管理就越来越差，同事们迟到早退的现象也非常严重。

为此，老板一本正经地和小鱼谈话，要求小鱼必须把管理抓起来，否则就意味着小鱼根本不适合管理工作。对此，小鱼无话可说，只能连连点头。然而，回到部门之后，小鱼一面对那些同事，就又犯了老毛病，根本无法义正言辞地安排同事们的工作，或者是指责他们对待工作极其不认真的态度。最终，上司给小鱼下了最后通牒：如果一周之内不能卓有成效地管理，那么接下来就再回到原来的工作岗位。对于上司的最后通牒，小鱼不能不重视，为此，他专门召开全部门会议，向同事们表明自己如今的状况，并且请求大家对他后来的黑脸包公形象要容忍和谅解。

当天晚上，小鱼几乎彻夜未眠，一直在看关于管理的书，并且不停地暗示自己要调整角色，改变形象，从今以后成为一个真正的管理者。次日，小鱼早早赶到单位，抓住了几个顶风作案的迟到分子，当着所有同事的面，严肃处罚了他们。下午，果然没有人再以形形色色的理由早退。后来，小鱼每天早晨起床第一件事，就是告诉镜子里的自己："我是管理者，我是管理者，我要成为优秀的管理者。"如此几个月之后，小鱼果然变得越来越像领导者的样子，就连老板都对他刮目相看。

其实，人都是逼出来的。在老板没有给小鱼下最后通牒之前，他总觉得管理不那么重要，因而对于管理漫不经心。直到老板说要让小鱼回到原来的岗位上，小鱼才意识到问题的严重性，毕竟谁也不愿意为了照顾别人的面子，丢到自己好不容易得到的管理岗位的工作。小鱼马上调整思路，一定要当黑脸包公，做好管理工作。在进行雷厉风行的改革初见成效之后，他更是每天都暗示自己要成为优秀的管理者，对自己满怀憧憬和期望，从而使自己由内而外地发生改变。他，真的变成了一位优秀的管理者，并且达到了老板的满意。

自我激励拥有很强大的力量，这种力量甚至能够改变一个人的内心，让这个人真的发自内心地自信，也对自己充满期望。这样的力量会激励我们走向成功，战胜遇到的一切困难，也能帮助我们变得更加强大，成为人生中真正的强者。这样一来，我们自然能够底气十足，也动力十足地走好人生之路。朋友们，从现在开始，让我们相信自己，离成功更进一步。

玫瑰有刺，但是更加芬芳

很多人都喜欢玫瑰花，因为玫瑰花非常芬芳，能够使我们心旷神怡，心情舒畅。但是，玫瑰花还长着尖锐的刺，采摘玫瑰的时候，一不小心，我们就会被刺扎得流血。难道我们因此就不再喜欢玫瑰，也不愿意嗅一嗅玫瑰的芬芳了吗？当然不。用辩证唯物主义的观点看，任何事情都有两面性，既有利，也有弊。有刺的玫瑰往往更加芬芳，所以我们宁愿小心避让玫瑰的刺，也要欣赏玫瑰的美丽和浓郁香气。

生活中，每个人都既有快乐也有痛苦。一个人不可能一帆风顺，任何时候都快乐幸福，也不会永远沉入谷底，遭遇人生的痛苦和磨难永无解脱之日。快乐幸福与痛苦磨难，在我们的人生中总是相伴而行的，我们既要享受幸福快乐，也要坦然承受人生的一切挫折苦难。我们不能因为人生之中的痛苦就彻底放弃人生，毕竟人生还是有很多时候是快乐的。如果以食物来比喻，那么人生的苦难就是苦瓜，人生的快乐就是蜜糖。我们必须摆正心态，积极地面对人生，争取把人生的苦瓜变成人生的甜瓜，把人生的甜瓜变成人生的蜜糖。唯有调整好人生的状态，我们才能更加从容地面对人生，拥抱人生。

现代社会的生活节奏越来越快，各种各样的压力也接踵而来。当我们结束一天辛苦而又劳累的工作，还会想些什么呢？我们当然愿意看着绚烂绽放的鲜花，毕竟不管人生多么辛苦，我们都需要找出欢快的节奏，来调剂生活的沉重与苦闷。即便我们的手被玫瑰花的刺扎破了，我们依然愿意相信玫瑰的馨香。总而言之，我们不能因为生活中一时的痛苦，就忘记生活的幸福与快乐。

想明白这个道理，我们就该知道人生的道路总是既有平顺，也有坎坷崎岖，人生的滋味，总是既有幸福快乐，也有烦躁不安和忧愁苦闷。我们每个人都必须经过生活的历练，才能让自己变得更加坚强，从而从容走完这趟人生之旅。没有人真正知道生命的真谛，在生命的这条河里趟过，我们都在摸着石头过河。我们也许会有很多希望和欲望，但是生活并不总是满足我们的心愿。它时而让我们品味幸福，时而让我们感受辛苦。因而面对生活，请让我们保留内心的忧伤和小欢喜，从容面对，淡然品味。

大学毕业后，西西与大学同学张强结婚了。他们原本想着先成家再立业，然而，生活却总是出人意料，结婚之后的他们感情温度直降，甚至不再愿意面对彼此。对此，西西觉得他们是因为相处太久，所以彼此厌倦，但是张强却坚持他们的缘分到头了。就这样，这对大学期间朝夕相处的恋人，反而在结婚一年之后就劳燕分飞，这使曾经兴高采烈参加他们婚礼的同学们，感到非常失望。

这次分手，是张强提出来的，因而对西西的打击很大。幸好他们还没有孩子，所以彼此倒也能够分得清清楚楚，不再有任何瓜葛。离婚后五年，张强已经再次组建新的家庭，西西却一直孑然一身，因为她已经不敢继续面对爱情这朵带刺的玫瑰了。后来，单位里有位非常优秀的男性，对西西颇具好感。对此，西西一直装糊涂，不愿意对这位男性做出正面回应。时间一晃又过去几年，这位男性依然喜欢西西，他也知道西西因为感情受到过伤害，所以始终在耐心地等待。直到在西西离婚十年的时候，这位男性精心为西西策划了告别仪式，他正是在这场浪漫而又温情的告别仪式上，对西西进行了深情告白。西西不知所措，心中既想迎接新生活的到来，也充满了畏惧。然而，男士坚韧不拔，从不放弃，最终精诚所至，金石为开，让西西彻底敞开心怀，接纳了他。

很多人都曾经因为爱情受过伤害，爱情也恰如一朵带刺的玫瑰，尽管浓郁芬芳，但是却长着尖锐的刺，很容易扎伤人们娇嫩的双手。然而，这并不能阻碍人们喜欢玫瑰，就像对待爱情，常常有人如同飞蛾扑火一样，这是美与爱的力量，才促使人们奋不顾身，奔向幸福与美好。因而朋友们，假如你们也曾经受过伤害，千万要学会遗忘，因为很多时候遗忘恰恰是我们疗伤和奔向幸福生活的开始。或者，我们也可以适度放宽对自己的要求。毕竟，苛刻的人生是艰难的，而率性自由的人生将会给人带来更加美好的感受和体验。注意，给自己自由，不是放任自己，而是让自己主宰人生，把握命运。

拒绝焦躁，找回属于自己的人生

人们常常告诫自己或者他人不要心浮气躁，但有的时候情绪一旦波动，想要平静下来就会很难。正所谓，“心浮则气必躁，气躁则神难凝”。这句话的意思是说，一个心浮气躁的人，很难平心静气地面对生活，更难以成就事业。的确，随着时代的发展，经济的发达，人们越来越急功近利，能够脚踏实地、拒绝浮躁的人也越来越少。偏偏我们如果想要有所成就，创造独属于自己的人生，就必须远离投机取巧的心态，一步一个脚印，走好人生之路。

现代社会很多人都急功近利，恨不得一蹴而就获得成功，因而有人把当下的时代称为“快餐时代”。的确，很多短期培训班就能帮助人上岗；很多函授班、速成班，就能帮助人们得到学历证书；很多相亲的活动，使原本不认识的男男女女瞬间进入热恋的状态……所以，踏踏实实做学问的人越来越少，“柏拉图”式的爱情更是少见，大多数的人都遵循“短平快”的原则，恨不得马上就能飞到云端，站在万人之上。殊不知，这样的急躁和速成，除了使人生缺乏沉淀之外，根本没有任何好处。要知道，“欲速则不达”，一个人越是投机取巧，反而更容易事与愿违，一个人如果三心二意地做事情，也必然导致毫无成就。尤其是爱情，原本应该是慢工出细活，现在却变成了急火爆炒，不是夹生，就是焦糊，总而言之很难使人满意。痛定思痛，我们每个人都应该认真反思自身，从而把人生的状态变得更加从容顺遂。

从大学的中文系毕业后，小娜进入一家研究所当研究员。大家都知道，研究员的工作是很枯燥乏味的，短期内既看不到名利，也得不到任何光环和荣耀，必须真正潜心下来研究学问，才能做出点点滴滴的成绩。

有一天，小娜正在研究所的图书室里翻阅资料，突然间觉得心浮气躁起来，不知道自己继续这样下去，要何年何月才能做出研究成果，也许付出一辈子的时间，也只能是一个默默无闻的研究员吧。顷刻之间，小娜对于自己的人生产生了怀疑，甚至质疑起自己此时此刻正在从事的工作。她已经毕业好几年了，当初她的同班同学们，或者考上了公务员，或者去大城市打拼和发展，有房有车，而自己却依然窝在这个研究所里，甚至没有男朋友。想到这里，小娜沮丧极了。

思来想去，小娜决定要有所动作。她一时之间无法下定决心辞职，因而就想发表一些论文，这样至少能够在研究所里得到领导的认可和赏识。然而，她哪里能静下心来写论文呢，她的论文大多是到处拼凑来的。虽然刚开始时领导看到小娜频繁发表论文，对她刮目相看，但是直到有一天，研究所里接到了投诉电话，说小娜的论文全都是剽窃来的。小娜这才意识到，自己急功近利，犯了不可饶恕的错误。现在，就算她想留在研究所，也无颜面对曾经的同事和领导了。就这样，小娜黯然离开研究所。

因为急躁，小娜非但没有成功，反而被自己的投机取巧害惨了。她不得不离开研究所，面对失业的局面。这件事情让我们警醒，我们唯有保持清醒理智的头脑，才能做成自己想做的事情，从而平静从容的享受人生。否则，当我们心中乱了阵脚，我们就会不知所措，甚至把好事变成坏事，可谓得不偿失。

实际上，聪明本身是没有错误的。然而，假如我们在聪明之余还伴随着浮躁，那么我们就很容易因为聪明断送前程。一个人，愚笨一些没有关系，只要他愿意脚踏实地地去干，愿意坚持不懈地去做，他最终就能够有所成就。恰恰相反的情况是，一个人如果仗着自己聪明，不愿意付出辛勤和汗水，那么就算他离成功只有一步之遥，也很难获得成功。当然，最好的情况是，一个人既聪明，又勤奋踏实，那么假以时日，他一定会有伟大的成就。所以朋友们，不管我们是否聪明，首先要做的都是勤奋刻苦，一步一个脚印地往前走。那么，在这种情况下，你再拥有聪明的大脑，就将如虎添翼。退一步而言，就算你不聪明也没有关系，因为勤奋踏实远远比聪明更重要，更能够决定你的成败。

心情轻松，才能翱翔人生

每个人的人生都会遭受苦难，唯一不同的在于，有些人被苦难打倒了，成为人生的输家；有的人战胜了苦难，成为人生的赢家。其实，我们完全没有必要抗拒和排斥困难，正如一颗话梅糖既有酸涩也有甜蜜的味道一样，人生也是如此。没有人的人生会一帆风顺，只有幸福甜蜜的。大多数人的人生，都是苦乐参半，甚至有人的人生更多的是痛苦。难道这样就要彻底放弃人生了吗？当然不是。命运越是与我们开那些残酷的玩笑，我们就越是要坚强勇敢地面对命运，迎接命运的挑战。

也许有些朋友很羡慕那些成功的人生，而对自己的生活百般不满意，其实不然，命运并非一成不变的。很多时候，即便置身于相同的环境之中，我们也未必会拥有同样的人生，因为我们的心态不同。

在美国，有一对孪生兄弟因为一时冲动，犯下大罪，导致被处以三年有期徒刑。看着两个儿子居然要同时坐牢，母亲伤心欲绝，但是又因为孩子的确犯了罪，她根本无力回天。经过一番慎重的思考，母亲决定分别赠送给两个儿子36块积木。这是一份特殊的礼物，因为这对兄弟服刑的时间恰恰是36个月。母亲语重心长地对儿子们说：“妈妈知道，你们都是好孩子，只是因为一时糊涂，才会触犯法律。妈妈也知道，对于你们而言，这三年的刑期必然非常漫长。为了帮助你们度过这段漫长难熬的时间，我把这两份相同的礼物送给你们，希望你们在服刑期间认真反思自己，戒骄戒躁。每当结束一个月的时候，你们就可以拿出一套积木搭建房子，这样，等到房子搭建好了，你们也就可以重新开始自己的人生了。”

双手接过母亲的礼物，这对兄弟全都泪如雨水。他们看着手中捧着的36块积木，似乎看到了自己未来三年的人生之路。就这样，他们全都带着母亲赠送的积木开始服刑。哥哥是个急脾气，一进监狱就用所有积木搭建好房子，然后每过一个月，他就拆掉一块积木。弟弟呢，则牢记母亲的教诲，每个月结束时都拿出一块积木搭建房子。转眼之间，三年的刑期结束了，这对兄弟在监狱的大门外，一起与母亲重逢。让母亲万分惊讶的是，哥哥在三年的时间里似乎衰老了十岁，但是弟弟看起来却显得精神抖擞。了解原因之后，母亲感慨地说："哥哥在绝望中度过三年，弟弟却在希望中度过三年。"

对于这对孪生兄弟而言，既然大错已经铸成，后悔显然是于事无补的。他们只能接受法律的制裁，在法律的安排下服刑，从而赎罪。遗憾的是，哥哥没有了解母亲的用意，因而导致自己的三年服刑生涯始终充满绝望。相反，弟弟却很明智，他每个月都带着希望生活，减轻自己心灵的负重。正因为如此，哥哥弟弟之间的差距才会如此之大，可想而知，弟弟也必然更容易适应监狱外的生活，尽快开始自己崭新的人生。

人生不能负重前行，不管我们有什么遗憾，也不管我们做错了什么，我们唯一能做的就是减轻自己心灵的重负，从而让自己的人生展翅翱翔。当然，人生艰难，一味地坚持也并不现实。当感到累了、疲倦了的时候，我们完全可以放松下来，让自己变得更加轻松愉悦。就像一首旋律会有高潮和舒缓一样，我们的人生也同样应该保持最适宜的节奏。

记住，你只能选择一条道路去走

人生就像是一场旅程，我们在这场旅行中会走过艰难坎坷和崎岖泥泞，当然也会有开满鲜花的小径和一眼望不到头的通天大道。有的时候，我们还会遇到岔路口，这时我们就必须坚定不移地选择其中一条路，才能专心致志地走下去，走出属于自己的人生之路。面对抉择，很多人都会感到犹豫不决，也总是患得患失，生怕自己选错了。其实，人生的选择没有对错，就像我们在旅行中选择走不同的道路一样，走大路有走大路的好处，走小路有走小路的好处，我们要做的就是选择之后不后悔，然后尽情欣赏沿途的风景。

记住，无论我们多么聪明睿智，也无论我们同时面临着多少选择，我们最终只能选择一条路走下去，这就是执着。人生的确是需要执着的，但是过于执着，却像是走上了一条不归的绝路，导致我们与幸福和快乐绝缘。生活中，人们总是有着无数的欲望，有些人希望自己有权利，有些人希望自己拥有金钱，有些人希望得到万众敬仰，却唯独忘了对于自己的生命而言，只有幸福快乐才是一生之中最难得到的感受。

偏偏，大多数人都被欲望驱使着，想要得到的越来越多，内心的安宁和快乐也越来越少。所以，当我们为这些身外之物执着时，也就是我们人生烦恼增多的时候。因而聪明的朋友们，像现代的很多人所追求的那样，奔向极致简约的生活吧。你们将会发现，内心的快乐和物质与金钱的多少并没有必然的联系，有的时候我们越是欲求的少，就越是容易得到内心的宁静和快乐。记住，一个人拥有得再多，也只是睡一张床，也只是吃一日三餐。所以与其执着于外界的一切熙熙攘攘，不如让自己的心淡然，欲求减少，从而从内心深处获得真正的宁静快乐。

很久以前，欧洲有位技师叫麦克。麦克能力超群，据说他无所不能，而且总是不停地创新。在当时，麦克的行为带给人们巨大的震撼，也使人们更加迷信麦克的一切。有一次，麦克事先计算好精确的数据，然后纵身一跃，从十米高台跳入水中，之后平安无事地回到地面。观众们沸腾了，因而麦克当即爬上二十米高台，决定再次挑战自我。对此，朋友们全都竭力阻拦，但是麦克却被虚荣冲昏了头脑。幸运的是，他成功了，他从二十米高台跳下，并没有受伤。观众们更加疯狂地呼唤着麦克的名字，麦克由此名声大振，世人皆知。

几年之后，麦克对于自己的跳水表演越来越厌倦，他想要突破自我，却找不到出路。直到有一天，他的眼前飞过一只小鸟，他突发奇想，决定为自己制造一双翅膀，这样就可以挑战更高的高度。他当即开始工作，最终为自己造出了一对翅膀。当人们得知他要从欧洲的第一高塔上跳下来时，不由得热血沸腾。整个城市万人空巷，每个人都想目睹麦克的这一壮举。就连皇帝也从皇宫里出来，来到现场。好友和妻子全都阻拦麦克，然而麦克一意孤行，当他真的站在高塔上时，他的确有些犹豫不决。偏偏此时，高塔下拥挤的人群发出狂欢声，人们不约而同声嘶力竭地喊着麦克的名字。麦克一激动，感到心潮澎湃，居然摘掉翅膀跳下高塔。可想而知，他年轻鲜活的生活随着这一跳，戛然而止。

放在当今这个时代，麦克一定是一个喜欢极限运动、追求刺激的人。这原本无可厚非，但是盲目地为了得到人们的崇拜，而牺牲自己的生命，这就是得不偿失的。现实生活中，有很多人享受这种被人崇拜的感觉，似乎他们活着的唯一目的和意义，就是得到万众瞩目。然而，生命的机会只有一次，对于每个人而言都是弥足珍贵的。我们只有不再盲目地固执，才能爱惜生命，圆满走完自己的一生。尤其是对于人生之中很多虚妄的东西，我们无须过于看重。我们必须让手脚挣脱这些虚妄东西的束缚，才能清醒理智，迎来生命中最美好的明天。

人生在世，只能靠自己

现代社会，各种压力越来越大，生存变得越发艰难。因此，人际关系被提升到前所未有的高度，人们也意识到人脉资源是现代社会中最重要的资源之一，对于我们的人生将会起到至关重要的影响。然而，即便人脉资源非常重要，我们时常需要仰仗别人的提携和帮助，也无法改变一点，即人生在世，只能靠自己。

一个人，如果总是把希望寄托在别人身上，不管遇到什么事情都希望别人为自己提供帮助，那么他们久而久之就会养成依赖的坏习惯，导致自身的能力越来越差，人生也会变得越来越被动。也许有些朋友会说，我们不是靠别人，而是靠父母。但随着时间的流逝，父母也会渐渐老去。当父母老了，他们又该依靠谁呢？原本他们是要依靠我们的，但是却因为我们已经形成了对他们的依赖性，无法独当一面，导致他们无可依靠，反而要在终老的时候牵挂我们是否能独立生存。不得不说，这是父母子女间深爱所造成的悲哀。

很多人都知道“难得糊涂”这四字箴言，这是清朝著名画家郑板桥留给我们世人的警言。然而，郑板桥虽然劝说他人要糊涂，自己在很多方面也的确很糊涂，但是在教育后代的时候，他始终保持着清醒的头脑，对后代教育有方。根据历史资料记载，郑板桥直到五十二岁时，才得到一个儿子。当时，他为官一方，有三百亩田地，用今天的话来说，他的儿子也是天生的“富二代”。但是，他对儿子从来不宠溺，而是凡事都以身作则，作为孩子的示范榜样。后来他因病去世之前，还对儿子进行了深刻的教育。

当天，郑板桥病情加重，却突然提出要吃儿子亲手做的馒头。这可刁难了儿子，因为他的儿子根本不会做馒头。然而眼看着父亲气若游丝，即将辞世，儿子只好勉为其难地挽起袖子，开始和面做馒头。儿子看着一盆面粉，根本无从下手，因为郑板桥告诉他，可以请厨师指点，但是不能让厨师代劳。最终，儿子花费了大半天的时间，终于做好了馒头。当他端着自己亲手做的馒头来到父亲面前时，却发现父亲已经与世长辞。儿子痛哭流涕，却发现父亲床前的桌子上有一张父亲亲笔写的字条，内容如下：“流自己的汗，吃自己的饭，自己的事情自己干，靠天靠地靠祖上，不算是好汉！”读完这张字条，儿子才明白了父亲的良苦用心。原来，父亲是想最后一次教育他，让他必须自力更生。

对于老来得子的郑板桥而言，他一定是非常疼爱儿子的。然而，他教育和疼爱孩子的方式与众不同，他知道溺爱孩子是害了孩子，只有让孩子学会自立，才能让孩子拥有坚强的人格。这一点让现代社会的父母们看看，相信大部分父母都会觉得很惭愧。如今，大多数父母都只有一个孩子，或者是望子成龙，或者是望女成凤，他们恨不得把孩子捧在手里、含在嘴里，根本舍不得让孩子做任何事情，最终导致很多孩子都成为了骄纵的小公主、小皇帝。不得不说，如此溺爱孩子，最终的后果必然是非常严重的。

记得前段时间在微信圈里看到一篇文章，题目为《如果真的爱孩子，就不要凡事代劳》。虽然没有认真阅读内容，但是对于标题却印象深刻。的确，这个世界上既没有全能的上帝，也没有无所不能的神仙。所以甭管是西方国家的孩子还是中国的孩子，都指望不了救世主。要想让自己的人生出类拔萃，有所成就，我们必须从现在开始就养成靠自己的好习惯，避免依赖他人。

从实用的角度而言，求人的确不如求自己。要知道，求人，主动权掌握在别人手中；求自己，主动权掌握在自己手中。而且，不管什么时候，我们都可以随心所欲地满足自己的需求，岂不是比央求别人来得更方便，更有效率吗？

自己强大了，整个世界都会向我们低头。反之，如果我们自轻自贱，否定自己，那么我们最终会因为无法准确定位自己，或者是贬低自己，导致人生受到局限，不能尽情发展。因此，朋友们，我们要想赢得他人的尊重和认可，我们首先应该充满自信，高看自己的一眼。要记住，我们无须和别人比，我们只需要成就最优秀的自己。这样，我们就能依靠自己赢得为人的尊严，赢得圆满的人生。

第 14 章

狠下心去舍得，才能有满满的收获

人生路上，每个人都想要得到更多，却很少有人愿意主动付出。其实，人生就像跷跷板，很多情况下都需要保持平衡。诸如得失，尽管我们从理智上都知道一个人不可能永远得到，也不可能从不失去，但是感情和理智上，还是觉得人生得到的越多越好。所以朋友们，我们必须狠下心去舍得，才能让人生盈亏保持平衡。当我们舍弃得越多，我们也就越是有机会收获人生。

在人生节点，要明确作出取舍

每个人从呱呱落地降临人世，到不断成长和成熟起来，都必然要经历诸多的选择，或者是得到，或者是失去，毋庸置疑，每一种选择都是艰难的。有人说人生就是由诸多选择组成的，我们在选择的同时，必须不断地放弃那些原本不属于我们或者已经退出我们生命舞台的东西。正如前文所说，一个人只能选择唯一的道路。的确，要想做出选择，就必须有所舍弃，当然，好的选择也让我们得到更多。尤其是现代社会，很多人都面临着形形色色的诱惑，导致人生陷入欲望的深渊，如果不及时放弃这些不切实际的欲望，我们的人生必然被欲望捆绑，我们也就无法轻装上阵，奔向最终的成功。

当然，舍弃并非总是轻易就能下定决心的。当我们面临选择时，只有学会放弃，才能理智舍弃。有很多人都对舍弃存在误解，觉得舍弃就是失败，是做人的莫大遗憾。其实，如果朋友们会下围棋，就会知道我们暂时放弃小的利益，就能得到大的利益。正如古人所说，“鱼与熊掌不可兼得也”。如果我们总是绞尽脑汁地想要得到更多，只怕我们最终会一无所有。

有个男孩大学毕业后一直没有找到特别理想的工作，因而他决定参加计算机培训班，提升自己的计算机水平。这个培训班需要学习一年的时间，男孩现在还有两个月就要毕业了。正当此时，他通过朋友得知，有一家世界知名的计算机公司正在招聘人才，不但待遇丰厚，而且这家公司发展很好，未来晋升空间很大。不过，这家公司的招聘已经持续了一段时间，如果不抓紧时间去面试，就会错失这个好机会。但是如果去面试通过，就必须马上上岗，这样一来男孩就无法完成还剩下两个月的计算机培训课程，更拿不到培训班的结业证书。思来想去，男孩始终很犹豫，因而他决定和父亲商量这件事情。

得知事情的原委后，父亲买回家两个很大的西瓜，让男孩抱起一个西瓜，然后又让男孩抱起另一个西瓜。但是这个西瓜真的太大了，即便是抱起一只西瓜，都要用两只手。对于男孩而言，他根本不可能再抱起一个大西瓜。因而他一筹莫展地看着父亲，愁眉苦脸的。父亲似乎看出了男孩的心思，不过依然追问："你如何抱起另一个西瓜呢？"男孩摇摇头，说："我只有两只手，这根本不可能。"父亲这时候笑着说："其实是有办法的，你再好好想想。"男孩思来想去，始终找不到合理的解决方法。这时，父亲示意他放下怀中的那个西瓜，说："现在，你再把另一个西瓜抱起来。"果不其然，男孩轻而易举就抱起来另一个西瓜。这时，男孩恍然大悟。父亲语重心长地说："人生在世，不可能把所有的好事情都占全。我们必须学会适时地舍弃，才能腾出手来，抓住更重要的人生际遇。"最终，男孩放弃了培训，选择去那家公司面试。果不其然，他如愿以偿地进入那家公司，获得了自己心仪已久的工作。

很多千载难逢的好机会总是转瞬即逝，假如故事中的男孩在面对这样的机会时迟疑不定，那么他就会错失这个好机会，导致自己懊悔不已。幸好，父亲以两个西瓜打消了他的顾虑，使他意识到在机会面前不能犹豫，而且要果断取舍。其实，每个人在人生之中都有可能面对形形色色的机会，也要做出各种比较为难的选择。要想让自己变得更加坚强勇敢，我们就必须学会舍弃，否则我们就会错失良机，追悔莫及。要知道，很多时候舍弃并非被动地失去，而是主动地选择，这样才会更符合我们的需求，也能够给我们的人生带来更好的结果。

朋友们，当你们因为舍弃感到痛心时，不妨想一想自己也许会因祸得福，因此得到更多，收获更多。当然，很多情况下我们自身并无法决定人生的得失。面对被动地失去，我们也要怀有坦然的心境，这样才能让自己从容洒脱，明智地拥抱和接纳生活。人生是一场旅行，我们唯有轻松上阵，才能走得更快更好。就让我们忘记人生中那些因为舍弃而生的痛苦吧，对于任何人而言，最重要的都是往前看，奔向前方。

欲望要适度，不能过度

人人都有欲望，从某种意义上来说，正是欲望推动我们在人生路上不断前行。曾经有人说过，欲望就像海水，越喝越渴。的确，这句话形象地为我们指明了欲望的特点。那就是欲望既有好的一面，能够激励和鞭策我们不断进步，也有坏的一面，那就是当我们被欲望驱使，陷入欲望的深渊，欲望就会如同海水一样使我们发自内心感受到焦渴。欲望是魔鬼，是人生之中无处不在的陷阱，也是最可怕的人生黑洞。无数人迷失在欲望之中，尤其是那些能够凭借权势为自己谋取利益的人，更是因为欲望泛滥，轻则陷入牢狱之灾，重则失去宝贵的生命。

尤其可怕的是，在欲望的驾驭下，我们变得非常贪婪，一心一意只想不惜一切代价地得到更多，而完全没有想到，我们其实是有弱点的，我们的人生也是有局限的。有人曾经发现，新生儿降临人世时总是双手合拢，似乎在宣告他是整个世界的主人。而在生命终结离开人世时，人却张开手掌心，似乎在告诉世人他是赤条条地来，赤条条地去，根本没有带走人世间的任何东西。当然，这样的道理说起来大多数人都懂，但是真正做起来，却很难。归根结底，人性是有弱点的。我们唯有超越人性的局限，才能得到更加开阔的人生。

尤其是现代社会，随着时代的进步和经济的发展，人们的生活水平极大提高。大多数人的欲望也越来越多。也许对于一个乞丐而言，最大的愿望就是能够吃饱饭。但是一旦真的填饱肚皮，乞丐马上也会生出新的欲望，希望自己有地方容身。当住的问题解决之后，他又渴望穿更好的衣服……由此可见，一个人如果不控制自己的欲望，而是任由欲望肆意发展，那么归根结底，欲望会主宰人的内心，驱使人做出自己都无法理解的事情。当然，作为明智者，我们必须首先认清楚欲望的本相，从而更加深刻地剖析自己，这样才能主宰自己，成为欲望的主人。否则，如果任由欲望膨胀，导致我们自身的能力与欲望的强大之间呈现巨大反差，那么我们就会更加痛苦。正如古人曾说的，人生的苦难之一就是得不到。所以，我们唯有合理控制欲望，把欲望控制在适度范围内，人生才能从容、淡然，我们也才能满足、快乐。

很久以前，有个乞丐总是坐在城市中间的大商场门外乞讨。看着那些衣着光鲜亮丽的人，乞丐心中羡慕不已，终日幻想着自己终有一日也能够成为有钱人，或者至少不要继续乞讨。他暗暗想道："如果我有两千块钱，我就再也不乞讨，而是去找份工作，凭借自己的双手吃饭，养活自己。"一天，乞丐正坐在太阳地里乞讨，突然发现眼前出现了一只非常活泼可爱的小狗，还穿着衣服和鞋子呢。一看，就是有钱人家的小狗。

乞丐四处看着，发现没有人注意到他，也没有人在寻找这只小狗，因而就把小狗抱回自己暂时存身的大桥下面栓起来。次日，他又去商场门口乞讨，果然在距离商场不远处的电线杆上，发现了狗主人寻找小狗的广告。而且，狗主人还承诺，对于提供线索者提供一千元酬谢，对于送回小狗者，提供三千元酬谢。看到这张广告，乞丐兴奋不已，他没想到自己突然之间就美梦成真了。然而，他很犹豫，担心狗主人说是他偷的狗。没想到，这一犹豫，狗主人居然把酬金提高到了五千元。看到一夜之间，自己又多了两千元的酬金，乞丐兴奋不已。他决定先不把小狗送给狗主人，而是再等几天，看看能否得到更多的酬金。果不其然，又过去两天，酬金变成一万元，乞丐当即决定回到桥洞抱来小狗，从而换取酬金。然而，他气喘吁吁地跑回桥洞才发现，小狗已经死了。原来，小狗一直娇生惯养，如今在艰苦的桥洞中缺吃少喝，根本无法适应这样恶劣的生活。看着小狗冷冰冰的尸体，乞丐欲哭无泪：也许，我注定了一生必须当乞丐，否则为什么有这样的好机会都无法抓住呢！

从乞丐的经历上我们不难看出，一个人不能过于贪婪。欲望就像是泥沼，一旦陷入，就再也不懂得见好就收的道理，而只是一味地跟随着欲望变本加厉，导致人生失去方向，人的内心也迷失本性。尤其是现代社会很多人都渴望得到成功，殊不知，贪婪恰恰是成功路上的障碍，轻则导致自己人生发展受到局限，重则导致人生出现恶劣的转折，甚至戛然而止。

不管何时，我们都应该知道懂得付出的人，才能得到回报。否则，一个人如果总是一味地索取，不懂得播种，那么如何能够有收获呢？当然，在付出的时候我们必须是心甘情愿的，这样才能真正心怀善念，也不至于因为欲望过多，导致人生受到拖累。

最近正在热播的反腐大剧《人民的名义》，为近年来接连有重要官员落马的官场敲响了警钟。所谓艺术源于生活，高于生活，不得不说，这部电视剧的教育意义非常之大。即便作为普通人，无权无势，我们也要注意降低自己的欲望，这样才能让自己清心寡欲，从容面对生活。古人云，人心不足蛇吞象，这句话很有道理。朋友们，我们要做欲望的主人，主宰自己的人生，而不要成为欲望的奴隶，导致人生跟随着欲望的深渊不断沉沦。

应该放下人生中沉重的负担

现代社会，很多人抱怨人生过于沉重，而且觉得自己力不从心，无法继续坚持下去。其实，人生原本的状态并非是沉重的，它取决于我们的内心。虽然我们为了历练自己需要负重前行，但是当我们感到窒息或者因为沉重的负担觉得举步维艰时，我们必须学会给自己减负，让自己在人生路上轻松前行。

如今，我们已经进入新的时代，社会发展迅速，世界变化日新月异。每个人都在追求飞速进步，这样我们才能不断开阔眼界，搭乘时代的列车，不断向前，向前，再向前。然而，人生并非是高速行驶的列车，人生也不可能如同列车一般飞速向前。就像一首歌的节奏有舒缓和高潮之分，人生也应该把握好合适的节奏，才能劳逸结合，松紧适度。

众所周知，一根弦如果绷得太紧，就会断开。人生的弦也是如此，必须张弛有度，不能一味地紧绷。曾经有个年轻人，觉得心力交瘁，因而去拜访寺庙中的大师，想让大师为他解开心结。大师听了年轻人的诉说之后默默无语，很久才拿出一个背篓交给年轻人，说："你背着背篓去后山，看到好看的石子，就捡起来放到背篓中。"年轻人虽然不知道大师用意何在，但是领命而去。他一路爬山，沿途看到好看的、漂亮的、独特的石子，就捡起来放入背篓中，才爬到半山腰，他就累得气喘吁吁，觉得背篓无比沉重。好不容易才坚持着爬到山顶，他看到大师已经在那里等他了。他赶紧向大师诉苦，讲述自己的劳累。大师却不以为然地说："现在你再下山，每下一个台阶，你就扔掉一块小石头。"年轻人困惑不解，不过能够扔掉石头总是好的，他赶紧下山，很快背篓中就轻轻如也，他也觉得浑身轻松。到了山下，大师告诉年轻人："人生恰如登山，再背负沉重，自然寸步难行。只有减轻负担，才能解决问题。"年轻人恍然大悟。

人生的过程，恰恰如年轻人登山的过程。原本，登山就是很辛苦的，还要背负着沉重的石头，自然会感到筋疲力尽，寸步难行。倘若我们学会为自己减负，把生活中琐碎的、不值一提的那些事情都抛之脑后，哪怕是大事情，也做到绝不牢记在心，给自己增加负担，那么我们的人生就会轻松一些，我们前行的过程就会更加顺利一些。

人心，是这个世界上最坚强的所在，同时也是非常脆弱的。我们必须定期整理人生的行囊，从而及时清除人生的垃圾，摒弃人生不能承受之重，我们从而才能尽情面对生活，选择让自己快乐幸福的生活方式。不得不说，人生短暂也无常。很多人都以为生命是人生之中最宝贵的，殊不知月有阴晴圆缺，人有旦夕祸福，谁也不能保证自己在活着的时候始终平安无恙。因而要想真正做到内心坦然地面对人生，我们还要摆正心态，端正态度，从而让自己的人生更加从容淡然。能够在人生之中享受云淡风轻的小小幸福和点滴快乐，也是人生之一大幸运。所以朋友们，不管是面对人生的坎坷挫折，还是得意昂扬，都让我们从现在开始保持从容不迫的心。

此外，很多朋友特别追求获得，殊不知，人生真正能够得到的东西少之又少。很多时候，对于人生过客的我们，除了幸福与快乐的感受，其他的金钱名利和权势，其实都是身外之物。我们必须做到，当回首往事时，不会因为人生的沉重而感到难过，不会因为人生的局促而感到懊悔。我们要更多地回忆起人生中那些无怨无悔的快乐和重要时刻，从而真正充实我们的人生，宁静我们的心灵。

坚持正确的方向，努力才事半功倍

不管是对于学习，还是对于生活和工作，抑或者是在爱情与婚姻之中，很多人都在困惑着。他们不知道，为何自己明明非常努力，但是生活却依然如同一团乱麻一般，毫无头绪，更没有任何改观。其实，这样的困惑只是因为他们缺少随遇而安的心，只是因为他们始终坚信只要努力付出就一定会有回报。事实却是，一个人即便努力了，但是如果没有把握好正确的方向，最终就会导致所有努力都成为无用功，甚至会事与愿违。

所以，不要指责他们自欺欺人，自说自话，而要想一想他们为何无法获得成功，为何始终都不能事半功倍。古人云，做事情需要天时地利人和。我们要说，做事情首先要有正确的方向，唯有保证方向是没有偏差的，努力才能有效率，才更有效果。很多人都知道南辕北辙的故事，假如方向错了，那么一切有利的条件反而会导致事情更加糟糕。这就是方向错误的严重性和产生的恶劣影响。偏偏有些事情的好时机转瞬即逝，一旦错过，我们就再也寻找不来，甚至无法弥补。因而很多朋友都告诫自己或者他人做事情之前必须三思而行，其实最重要的就是要竭力为自己寻找到一个正确的方向。

当然，正确的方向并非在一出生就设定好的。可以说，每个新生命在呱呱坠地的时候，都是一张白纸，根本没有任何的内容。但是，在成长的过程中，他们渐渐形成自己对于世界的独特感受，形成自己的观点，因而也就渐渐具有了目标。有人将其称之为人生的梦想或者理想，从心理学的角度而言，就是人生目标。我们必须先为自己制定目标，才能指引自己找到人生的方向，从而确定努力的方向。很多人总觉得自己只要像老黄牛一样努力去埋头苦干就行，殊不知，现代社会不同于若干年前，一味地埋头苦干非但无法成为“劳模”，甚至还有可能导致事与愿违。归根结底，我们的人生不是试验场，又因为人生短暂，我们也根本没有充足的时间和充裕的机会去不断地尝试。这就要求我们要理智思考，正确决断，才能真正做出理智的选择与决定。

作为美国康奈大学大名鼎鼎的教授，威克尔曾经进行过一项很出名的实验。他把一只蜜蜂放入一只没有封口的玻璃瓶中，然后玻璃瓶的平底朝着光亮的方向。蜜蜂喜欢光亮，因而始终朝着瓶底飞去，撞得头昏目眩也不愿意回头，最终它失败了，在耗尽力气之后，死去了。随后，教授又把一只苍蝇放到玻璃瓶里，瓶底依然朝着光亮。这只苍蝇最初和蜜蜂一样，也朝着瓶底光亮的地方飞去。然而尝试了几次之后，它发现自己每次都撞到玻璃瓶壁上，因而最终决定改变方向。只见他朝着玻璃瓶的各个方向不断尝试和努力，最终找到瓶口的所在位置，成功飞出玻璃瓶。

和聪明机智的苍蝇相比，蜜蜂显然非常愚钝。如果放在现实生活中，以蜜蜂为代表的人是非常固执的，总是墨守成规，很难改变自己的想法，不会随机应变。而以苍蝇为代表的人，则机智灵活，能够根据现实情况做出正确的选择，从而使自己的努力事半功倍。

任何时候，一味地盲目坚持都无法取得突破。我们要想改变现状，改变命运，首先就要改变自己的思路。所谓思路决定出路，有的时候我们看似走入死胡同，实际上并非真的无路可走，而只是因为我们的心思需要更加活泛，这样才能最大限度适时转弯，从而为我们的人生创造更多的机遇和机会。

现实生活中，每个人都在为了实现自己的梦想而努力。的确，努力对于成功具有非同寻常的意义。但是，努力并非成功的充分结果。很多时候，我们哪怕是绞尽脑汁地为了工作，或者是废寝忘食地投入工作，我们依然距离自己的梦想非常遥远。归根结底，就是因为我们没有进行正确的选择，没有为人生保证正确的方向。这样一来，我们即便再怎么努力，也是事倍功半，很难见到成效。所以朋友们，选择如果错误，一切努力都会付诸流水。相反，选择如果正确，我们的努力就能效果显著，我们的人生也会因此变得与众不同。

避免盲从，自己决定人生之路

对于每个人而言，梦想只是一个起点，而现实与梦想之间还有着遥远的距离，只有成功的人才能把梦想变成人生的终点。遗憾的是，大多数人徘徊于梦想和现实之间，最终导致梦想成为空想，人生变得空洞。在梦想和现实之间，道路并非唯一的。很多人都想要实现自己的梦想，却找不到那条最佳的道路，最终走了弯路，或者走了无用的路，导致人生距离梦想的实现越来越远。

学过数学的人都知道，两点之间，直线最短。然而，在梦想和现实之间，又有多少人能够从最短的直线走过，从而顺利实现梦想呢？现实是残酷的，也许直线是他人的捷径，却是我们的绝境。由此可见，每一条道路的意义对于不同的人而言是完全不同的。因而在选择人生道路时，我们必须从自身的实际情况出发，以自己的人生作为出发点，从而为自己寻找和设计最佳路线。条条大路通罗马，不是每个人都走同一条大路才能到达罗马。甚至有些时候，我们必须像鲁迅先生所说的那样，自己走出一条路来。也许，最好的道路恰恰是我们自己走出来的。所以朋友们，我们必须时刻牢记一个道理，人生没有绝境。只要我们心怀希望，只要我们为了人生满怀憧憬，只要我们愿意为了改变命运不断尝试，我们就能够走出属于自己的人生道路，彻底改变自己的命运。

生物学家法布尔，在一个偶然的机会发现大自然里有一种奇怪的毛毛虫，它们特别喜欢列队行走。最前面的毛毛虫负责领队，引领方向，后面的毛毛虫则跟从在这只毛毛虫后面，绝对不会改变方向。为了验证这些毛毛虫的盲从性，法布尔进行了一个有趣的实验。他让很多毛毛虫首尾衔接地在一个圆形花盆的边缘爬行，又在距离毛毛虫队伍不远处的地方摆放了很多毛毛虫喜欢吃的松针，试图诱惑队伍中的某只毛毛虫能够打乱队列，爬向对于它们而言非常美味的食物。但是，毛毛虫始终沿着花盆边缘爬行着，首尾衔接，导致最前面的那只毛毛虫也以为自己是跟随者，因而整个队伍就这样没头没尾地跟着前面的毛毛虫爬啊爬啊，即便饿得饥肠辘辘，它们之中也没有任何毛毛虫爬向距离自己不远的松针。

七天之后，毛毛虫们精疲力竭，全都被饿死了。而就在旁边唾手可得处，就是它们爱吃的松针。看到这种奇怪的现象，法布尔遗憾地在实验笔记中写道："这么多的毛毛虫，哪怕有一只毛毛虫不盲从，它们就能彻底改变命运，远离死亡。"

的确，毛毛虫之所以全都死去，就因为它们盲目跟随伙伴，根本没有自己的判断。作为现代社会的人，我们每个人都应该成为独立的个体，有自己的主见和见解。否则，如果我们也像毛毛虫一样对他人盲从，失去理智和判断，那么我们也必然重演毛毛虫的悲剧。

伟大的发明家爱迪生曾经说过，"模仿和自杀无异"。这句话告诉我们，一个人要想创新，激发出自身的伟大潜能，就必须始终保持伟大的创造力，从而独辟蹊径，至少也要有自己的独到见解。还曾记得上学时，对于同一道题目，数学老师总是要求我们想出不同的解题方法吗？其实，老师正是在锻炼我们创新的能力，只有不局限于已有的方法，才能想出新的解题方法。如今，虽然我们已经走出校园，但是我们面对的难题丝毫没有减少，反而随着生活和工作的进行，我们不得不面对更多的难题。在这种情况下，我们更要拒绝盲从，才能创造独属于自己的辉煌人生。

制定人生规划，避开人生阻碍

在漫长的人生路上，很少有人能够一帆风顺。大多数人的人生发展，都会遇到或多或少的坎坷和障碍。其实，从先天的角度而言，人与人之间的差别并不大，甚至很多人的先天条件都是差不多的。但是，之所以有些人大获成功，有些人却接二连三地遭遇失败，导致一生之中都无法成功改变命运，就在于后者先天的诸多优秀品质和能力，都被后来遭遇挫折与磨难时的灰心、沮丧、绝望、退缩和怯懦等打败。假如人人面对苦难时都能像真正的强者那样不畏艰难，勇往直前，那么人生也许就会得到更多的机遇，也能更加接近成功。

毫无疑问，人生是需要规划的，凡事都需要规划。没有规划的人生必然混乱不堪，唯有规划清楚的人生，才能秩序井然，在遇到突发状况时，也才能从容坦然，冷静理智地面对。当然，人生的难题是无法避免的，因为难题就是人生不可或缺的养分之一。但是，我们可以合理地规避人生的阻碍，从而加速自己进步的速度。这样一来，我们的人生自然会与众不同。

古希腊有位著名的哲学家，到了暮年时知道自己时日无多，因而很想帮助与他朝夕相伴的助手，让助手继承他的伟大思想。一天，他把助手喊到面前，说："我老了，我的蜡烛已经风烛残年，我必须找到另外一根蜡烛，继续我的燃烧。你懂得我的话吗？"

助手接连点头，说："我知道，您的光辉思想不能从此中断，而要继续发扬光大……"

哲学家缓缓地说："但是，必须非常优秀的传承者，才能继承我的思想。他不但要聪明机智，而且要满怀自信，更要具有非凡的勇气，你能去帮我寻找这样的继承者吗？"

助手毫不迟疑地说："我一定不遗余力，完成你的心愿。"

哲学家笑了。从此之后，这位忠心耿耿的助手开始四处为哲学家寻找接班人。他不停地带着他找到的人给哲学家看，但是哲学家总是不能感到满意。有一次，助手沮丧地来到哲学家面前，告诉哲学家他无功而返，哲学家勉强支撑起身体对他说：“很感谢你，但是实际上你找的人根本不如……”不等哲学家把话说完，助手马上表明心迹：“您放心，我就算走遍世界的每一个角落，也要为您找到衣钵的继承人。”哲学家无奈地笑着摇摇头，沉默不语。

半年之后，哲学家即将离开人世，但是助手还是没有找到让哲学家满意的人，因而惭愧地对哲学家说：“我很抱歉，我没有让您满意。”这时候，哲学家真的非常失望，他凝视助手很久才说：“其实，我最满意的人是你。但是，你对自己始终没有信心，你丢失了自己，这是你无论花费多长时间、走多少路，都无法找回来的。”就这样，哲学家带着遗憾离开人世，那位助手则带着懊悔度过了下半生。

这位助手丢失了自己，而且历经辛苦，也没有把自己找回来。虽然他对哲学家忠心耿耿，但是对于自己，他却毫无信心，这恰恰是他最大的失败。人生路上，有很多因素会阻碍我们的发展，有些因素是来自客观的，需要我们努力克服，但是最大的障碍却存在于我们的心里。就像助手一样，假如他在为哲学家寻找衣钵传人的过程中能有那么一秒钟的时间想到自己，他也就不会懊悔半生，哲学家也就不会抱憾终身了。

朋友们，我们必须清醒地认识自己，认清楚自己的长处，也要了解自己的短处。唯有如此，我们才能最大限度地扬长避短，发挥自身的独特能力，为自己创造更多的成就。正如有人说的，“一叶障目，不见泰山”。我们对于自身的忽视和漠视，也恰恰因为我们身在庐山，所以“不识庐山真面目”。不管什么时候，我们都要对自己擦亮眼睛，从而帮助自己更好地成长、成熟。记住，时代在进步，我们也要用与时俱进的眼光看待自己，从而成就自己。

选择决定人生，要明智选择

曾经有人说，人生就是由一个又一个不同的选择组成的，人生的过程也就是不断选择的过程。的确如此，就像小朋友们爬上果树采摘野果一样，每个小朋友都是从大树根部开始往上爬，爬过树干之后，因为树干的分叉，他们最终爬到不同的树枝上，从而导致他们爬到树上的高度不同，从树上摘到的果子数量也完全不同。有的人摘了很多的果子，有的人则两手空空，根本没有摘到任何果子。面对这样的结果，没有摘到果子的小朋友虽然很羡慕收获很多的小朋友，但是他们却无从抱怨，因为选择正是他们自己做出来的，结果自然也要由他们自己承担。

现代社会，生存压力和发展压力都成倍增长，不管是成人还是孩子，都承受着巨大的压力。成人对于生活的艰难，觉得无法面对。然而，一旦成人成为父母，就会把这种压力转嫁给孩子，美其名曰是为了让孩子不输在起跑线上，实际上他们只是担心孩子日后的生活不够好，因而想要拔苗助长。因而现在有很多父母都让孩子拼起跑线，导致孩子从出娘胎开始，就变得压力巨大，越来越累。当然，我们不能否认，如果两个孩子的起点不同，他们的终点也会受到影响。但是，起点并非是影响人生的最重要因素，现实告诉我们，有很多孩子虽然出身贫寒，但是经过自身不懈的努力之后，最终却出人头地。相反，有很多富二代、官二代，最终却人生落魄，也印证了老人常说的“富不过三代”的说法。

那么，影响人生的最重要因素是什么呢？是选择，是人生过程中接二连三的选择。起点相差悬殊的人在终点未必有很大差别，但是选择不同的人，他们的人生也必然是不同的。很多人都说人生是一场旅程，我们要说，在人生这场旅程上，人们经常遇到十字路口，不知道是向左还是向右。而人生之路到底如何走，完全取决于我们自己。

古希腊著名的思想家、哲学家苏格拉底，同时也是伟大的教育家。为了更好地回答学生关于人生真谛的问题，有一天，苏格拉底把学生们带到附近的果园中。当时，正值瓜果飘香的季节，果园里硕果累累，每个枝头都挂满了沉甸甸的果实。苏格拉底对学生们说："这样吧，你们沿着果园里的这条小路往里走，遇到自己觉得满意的果实，就将其采摘下来。注意，你们每个人只有一次采摘果实的机会，而且不允许回头走，只能一路向前。这也就意味着，你们只能进行一次选择。"学生们都听清楚了苏格拉底的要求，因而全都朝前走去。

学生们在果园里穿行，因为机会宝贵，所以他们在经过果园时非常认真地观察，慎重地思考，从而争取做出让自己最满意的选择。等到他们走走停停终于来到果园的另一头时，苏格拉底已经站在那里等候多时了。他问学生们："你们对于自己摘到的果子，感到满意吗？"

学生们面面相觑，都没有及时给出回答。苏格拉底再次重复问题，这时，一个学生请求道："老师，请你让我再选择一次。我错过了刚刚进入果园时遇到的好果子，直到走到这里，才知道那个果子就是最好的。"还有一个学生也沮丧地说："我的选择恰恰相反，我一进果园就摘了一个自认为好的果子，但是后来才发现后面还有很多果子都比我摘的果子更大更好。所以老师，请允许我也再选择一次吧。"其他学生也全都异口同声地喊道："老师，请再让我们选择一次吧。"但是，苏格拉底毫不迟疑地摇头："孩子们，人生只有一次选择的机会。"

的确，人生没有回头路可走，也没有第二次选择的机会。任何情况下，我们对于自己的选择都要无怨无悔。唯有如此，我们才能从容面对和接纳人生的一切结果。否则，如果我们在人生过程中总是患得患失，我们不但无法改变事情的结果，还会扰乱自身的心情，导致自己郁郁寡欢，人生也必然黯然失色。

毋庸置疑，选择的过程是痛苦的。也因为选择的机会只有一次，世界上根本没有卖后悔药的，所以我们面对选择，必然要更加谨慎小心。但是，选择的过程是我们无法避免的，我们必须坚定不移地选择，然后承担后果。当然，当我们意识到选择的重要性时，我们理应变得更加理智，也可以在事情不危急的情况下，尽可能给予自己更多的思考时间，慎重和理智地选择，这样才能最大限度避免遗憾的发生。

面对人生转折，要勇敢开始新征途

很多时候，我们不仅仅要主动地做出选择，人生的突发情况和意外事故，也会逼迫我们被动地做出选择。尤其是在面对人生的转折点时，我们哪怕再怎么担忧，也必然勇敢地迈上新的征途，因为人生无路可退，只能一路向前。

毫无疑问，每一个朋友都想要处于人生的巅峰，享受无限风景在险峰的人生胜境。然而，人生并非只有胜境，也会有低谷。不管是成功，还是失败，都是命运对我们最好的赐予。而且，一时的成功并不代表未来会永远成功，一时的失败也不代表未来会始终失败。不管面对成功还是失败，坎坷还是顺境，我们都要摆正心态，从容应对。尤其是当人生突发意外时，往往更是考验我们的时候，我们必须勇敢地站起来，拍拍身上的尘土，继续人生的旅途。只有走出失败的阴影，踩在失败的阶梯上，我们才能勇敢踏入下一段人生旅程。

曾经有位作家说，人生就像是买橘子，选择之后我们决定购买，那么我们就要为自己精挑细选的橘子负责。只有亲自品尝之后，我们才能知道橘子的味道，之前的一切都是揣测和预想。所以，当我们吃到甘甜的橘子，我们自然欣喜万分。但是当我们吃到酸涩的橘子，难道我们能扔掉吗？我们依然要勇敢地品尝到底。毕竟，不管是甘甜还是酸涩，都是人生的味道，都是我们不得不面对的选择和承受的人生。

自从退休之后，原本的邮电局副局长宋局长，就变得失魂落魄。原本，他在邮电局是主管工程与建设的，所以整日忙忙碌碌，没有闲着的时候。而且，因为他握有实权，所以家里更是门庭若市，人来人往。尽管宋局长从不贪污受贿，但是对于同事、朋友来家里串门，喜欢热闹的他总是热情欢迎。

然而，这样的局面自从他退休之后，就彻底改变了。所谓职场，真正应了那句“人走茶凉”的老话。宋局长退下来之后，新局长上任，大家自然都去找那位新局长沟通感情、疏通关系了，谁还记得落寞的老局长呢！宋局长每天除了和老伴上街买菜，就是待在家里看电视，感觉日子无聊极了。渐渐地，他居然抑郁了，不知道自己还能做些什么，似乎一下子失去了人生方向。

看到爸爸郁郁寡欢的样子，女儿心疼了，不但给爸爸办了一张可以游泳的健身卡，还主动邀请爸爸曾经的老朋友来家里玩。但是，不管谁来做客，终究只是暂时的，宋局长依然很抑郁。女儿思来想去，突然想起爸爸曾经说过，他年轻时最大的遗憾就是没有考上大学。为此，女儿提议爸爸去考大学。宋局长对于女儿的主意，非常犹豫，也缺乏自信：“我还能去考大学吗？我的记忆力不好了，而且老眼昏花。”女儿不停地鼓励爸爸：“怎么不能呢，人家摩西奶奶作为一个农妇，从七十六岁开始拿起画笔，后来还在全世界范围内开办画展呢！爸爸，您可别忘记，您才六十岁啊，难道就甘于服老了？！”就这样，在女儿的劝说下，宋局长真的开始复习高中课本，而且还报名参加了补习班。经过一年的刻苦努力，他真的考上了大学。当然，他最终没有真的去上大学，而是参加了老年大学，把自己的生活安排得特别充实。

对于曾经叱咤风云的宋局长而言，退休就是他人生的转折点。毕竟，他已经工作几十年了，如今突然面对百无聊赖的生活，心中必然觉得很失落。幸好，他有一个关心她的女儿，帮助他转变了观念，而且让他重新燃起了对生活的信心。的确，老了怎么了，退休了怎么了，生活还是需要继续下去的啊。唯有端正心态，积极地面对生活，我们才能顺利迈过人生的坎，成就自己精彩辉煌的下半生。

朋友们，人生在世，每个人都难免要经历人生的转折点。不管这个转折点是好还是坏，都预示着我们未来的人生将会变得与众不同。所以，我们必须积极地调整自己的心理状态，让自己从容迎接人生转折点的到来。

第 15 章

切实地行动，狠狠拒绝拖延和懒惰

每个人都渴望成功，然而成功并非一蹴而就的。在通往成功的路上，我们需要各种能力和素质，还需要天时地利人和，并且要克服自身的诸多弱点。我们必须记住的一点就是，成功是主动争取来的，而不是等来的。因而如果你总是习惯于拖延和懒惰，你就该知道你会距离成功越来越远。所以每一个想要获得成功的朋友们，从现在开始就切实展开行动，再也不要因为拖延和懒惰而贻误战机啦！

人生要脚踏实地，避免好高骛远

现实生活中，不乏妄自菲薄的人，他们总是自轻自贱，不把自己看在眼里。当然，并非所有的人都妄自菲薄，还有的人总是好高骛远，把自己看得非常高，因而不是瞧不起这个，就是瞧不起那个，最终导致他们的眼里只有自己。

毫无疑问，缺乏自信是不好的，但是同样的，过于自信，甚至变得狂妄自大，心比天高，也是不好的。一个人，只有脚踏实地，一步一个脚印地把每件事情做好，才能在生活和事业中取得发展，也才能提升和完善自己。

每个人对于未来都怀着美好的期望，遗憾的是生活并不会让我们总是顺心如意。我们因为急功近利，因为急于求成，导致心浮气躁，成功自然离我们越来越远。因而朋友们，我们一定要杜绝好高骛远的错误，脚踏实地地展开自己的人生之旅。

有的时候，对于成功而言，好高骛远还是一个陷阱。好高骛远的人看似对自己充满信心，而且对于人生和未来也充满渴望。但是实际上，他们却因为好高骛远，导致距离人生目标越来越远。所谓欲速则不达，过于心急，急于求成，反而会使事情朝着相反的方向发展。不得不说，这是绕了弯路，导致人生反而与理想和期望背道而驰。

1871年春，威廉斯勒正在英国蒙特瑞综合医科学校里读书。当时，他对于人生感到非常困惑，他不知道自己如何才能把现实琐碎的生活与伟大高远的理想联系起来。他渴望成功，又觉得自己现在的生活毫无意义，甚至对于学校的学习生活也感到索然无味。为此，他心神涣散，学习成绩越来越差。后来，在老师的推荐下，他开始阅读哲学家卡莱里的哲学著作，想要从中找到人生的答案。

威廉斯勒意志坚定，他从不盲目崇拜大人物，对于很多学生推崇的名人名言，他也不以为然。不过，对于老师推荐的书，他还是很重视的。他看书的时候，突然看到一句话，并且为此怦然心动："人生之中最重要的是，不要去看远方模糊不清的东西，而要从身边具体的小事做起。"他不由得猛然醒悟，的确，一切伟大的理想都离不开实际的行动，一切浩大的工程都要从一砖一瓦堆砌而起。他心中所有的困惑都消失了，他终于找到了自己寻求已久的答案。他这才知道，那些理想不是明灯高高悬挂在天空中，而要从我们身边最琐碎的小事开始做起。当即，他一改浮躁的心态，开始埋头苦读。他很清楚这就是他眼下最重要的任务，也知道他必须提高学习成绩，才能拥有更好的未来。就这样，他在半个学期里始终刻苦攻读，后来成绩一跃而上，他也随之成为全校最出类拔萃的学生。

两年之后，威廉斯勒毕业了，他的毕业成绩非常优异，在全校屈指可数。毕业后，他成为一名精益求精、爱岗敬业的好医生，后来更是亲手创办了约翰·霍普金斯学院。在他的经营和管理之下，他的学院很快在英国变得很有名气，甚至举世闻名。

细心的人会发现，大多数成功者之所以能够成功，并非因为他们的理想和志向多么高远，而是因为他们始终坚持求真务实的精神，脚踏实地、力所能及地做好人生中的每一件事情。所谓滴水穿石，他们正因为坚持努力和付出，所以才步步为营地奔向人生理想，实现人生目标。在成功者的字典里，从未有三心二意，更没有犹豫不决。

毋庸置疑，一个人必须有理想，有梦想，这样人生才会拥有方向。但是，实现理想和梦想的过程并不简单，任何人要想获得成功，就必须脚踏实地地从点滴小事做起，绝不好高骛远。生活在现代化的大都市，我们常常看着那些高耸入云的高楼大厦，心中激动不已。殊不知，万丈高楼平地起。即便这些大厦非常雄伟壮观，也是从一砖一瓦开始建立起来的。对于人生的理想也是如此，我们必须切实去做，才算是迈出了通往成功的第一步。否则，假如我们总是好高骛远，我们的理想和梦想就会成为空想，成为空中楼阁，永远也没有机会得以实现。

行动要坚决果断，避免迟疑不定

只有切实展开行动，我们才能真正迈出通往成功的第一步。很多人都知道这个道理，但是在真正面临抉择和需要展开行动的时候，他们却偏偏又迟疑不定，犹豫不决。正是这个原因，导致现实生活中不乏“语言上的巨人，行动上的矮子”。朋友们，你是否发现你一直都在无意识地寻找各种各样的理由，从而说服自己继续心安理得地保持现状？归根结底，一切的理由只是借口而已，你之所以一成不变，墨守成规，最根本的原因在于你缺乏勇气，不愿意挑战自我。细心的人会发现，一个人之所以行动拖沓，除了因为懒惰之外，最大的原因就是思虑过多。从这个角度来看，我们宁愿一个人因为莽撞冲动做出错误的行为，也不想让一个人因为胆小谨慎因而永远止步不前。

要知道，每个人都是在错误中成长起来的。为了避免犯错而让自己不再轻举妄动，虽然的确降低了犯错的概率，但是也让我们与成功彻底失之交臂。没有错误，没有失败，人类就会进步缓慢，甚至停滞。对于个人而言，也同样如此。我们唯有鼓起勇气，勇往直前，哪怕遭遇失败，也不能踟蹰不前。这样的勇气，必将帮助我们不断行动，不断进步，从而获得发展。

众所周知，人的潜力是无穷的。但是，有很多人都意识不到自己的潜力，他们总是妄自菲薄，自我否定。过分谨慎，杞人忧天，导致他们在面对人生中很多千载难逢的好机会时，最终犹豫不定，从而选择退缩。他们虽然羡慕成功者的成就，仰视着成功者的光环，但是他们也始终在寻找理由说服自己不要和成功者比较，他们觉得成功者是天降好运，而且别具天赋。这样一来，就可以理解为什么他们一边羡慕别人，一边又裹足不前了。

从某个角度而言，他们之所以这么懒惰，也是因为过度忧虑导致的。所谓惰性，指的是某件东西喜欢保持自身的性质和状态，除非接受外力的推动，否则不愿意发生变化。同样的，人和很多东西一样，也是有惰性的。要想改变惰性，我们就必须下决心改变自己。民间有句俗话，叫做“好吃不过饺子，舒服莫若躺着”。的确，人在躺着的状态下，身体最为舒适惬意，如果能躺着，谁还愿意汗流浃背地奔跑呢！但是，这只是人本能的惰性在发挥作用，一个聪明的人、理智的人，总是能够督促自己不断进步，绝不原地踏步。此外，人要想真正动起来，还要拥有信心。因为缺乏信心，对自身判断不足，对未来的形势过于悲观，也会导致人们犹豫不决。所以朋友们，我们还要更加深刻理性地认识和剖析自己，这样我们才能正确认识和评价自身的弱点，从而不再因为怀疑自己而迟疑。

在与他人竞争的过程中，我们做出的决定不仅仅影响我们自己，还会影响我们与人竞争的结果。每当这时，我们不但要了解自己，还要像古人所说的那样，“知己知彼，百战不殆”。我们唯有了解我们的竞争对手，甚至是敌人，才能在与他们展开竞争的时候，始终保持清醒理智，也才能够扬长避短，最大限度发挥自身的优势。

在这个世界上，一切的事情都是环环相扣的。有些朋友也许听说过“蝴蝶效应”，我们的确很难想象在相距遥远的两个地方，一种蝴蝶震动翅膀居然会引起另一个地方发生那么剧烈的反应。然而，这就是事实，而且是经过科学研究证实的确存在的事实。我们的人生之中有很多事情看来毫不相干，实际上也是彼此相互联系的。所以，我们千万不要把每件事情都当成是独立的事情来看，而要更加理智地看待一切，将其作为整体联系起来，统筹考虑。

当然，行动面前犹豫不决，除了上面提到的原因之外，每个人也都有自身独特个性的原因。我们无法盲目地模仿他人，也不能把他人的经验全都照搬到我们身上。我们只有认清楚自己，审时度势，与时俱进，才能做出最明智理性的抉择。

远离拖延症，人生更果决

对于人生，每个人都有自己的理想，也有着无限的憧憬。毋庸置疑，我们发自内心地想要获得圆满的生活，但是生活却总是不尽如人意，让我们时常感到失望和绝望。对此，很多朋友都抱怨，觉得自己运气不佳。其实，人生的不如意并非针对某一个人而言的，大多数人的人生，都会遭遇很多坎坷和挫折。试想，假如一个人的人生始终一帆风顺，而且冲着预期的方向发展，那么人生还有什么意思呢！就像很多打游戏的人不喜欢简单的游戏，而喜欢有难度有挑战性的玩具一样，人生也是因为有了难度才对人充满吸引力。

然而，人生又是短暂的，除了那些战胜坎坷磨难的时间之外，我们只有很少的时间可以做自己真正想做的事情。在这种情况下，我们必须争分夺秒，才能远离拖延症，让自己的人生变得更加坚决果断。有一首歌告诫人们要珍惜时间，那就是《明日歌》。在这首歌里，人们唱道“明日复明日，明日何其多。我生待明日，万事成蹉跎”。这无疑是在告诉我们人生短暂，光阴易逝去。要想在有限的生命里做更多的事情，我们必须拒绝拖延，争分夺秒。否则，我们的生命就会在拖延中悄悄流逝，我们的人生也会在拖延中日渐枯萎。尤其是当拖延成为习惯时，我们甚至无法觉察死神的到来，就让生命从模糊中溜走。其实，人们之所以被拖延的恶魔拽着脚步，就是因为人们在遇到艰巨的任务时，总是情不自禁地想要逃避。虽然逃避不能解决问题，但是拖延使人产生了得过且过的心理，只要拖延过眼前的这一刻，至于以后如何就不会去管了。所以，喜欢拖延的人大多数都是弱者，因为弱者是最爱逃避问题，不愿意勇敢面对的。

生活中的很多事情，都是别人要求我们去做的。例如在工作过程中，假如我们被上司分派任务，那么我们就缺乏激情主动完成工作。相反，假如我们主动想去做某些事情，尤其是当我们对那些事情感到非常乐意去做时，我们一定会满怀激情，迫不及待去完成任务。很多朋友都因为自己的拖延感到苦恼，理智上想要战胜拖延的坏习惯，感情上却总是难以接受。实际上，改掉拖延的坏习惯有个非常立竿见影的好办法，那就是马上行动。

马上行动，让我们没有时间过多地思考，因而只能在简单思考之后就开始行动；马上行动，帮助我们树立信心，也让我们对于自己的选择和决定毫不后悔和迟疑。心理学上有个非常奇怪的现象，即一个人对于自己决定的并且已经真正去做的事情总是更加拥护，反之，在犹豫不决的阶段，他们却总是怀疑自己的决定，甚至想出各种恶劣且严重的后果，来否定自己的决定。这样一来，如何还能更进一步呢！此时此刻，你必须马上采取行动，你必须让这种思想深入你的心灵，成为你的条件反射。这样一来，你就会渐渐摆脱拖延的坏习惯，避免因为拖延而导致人生错失很多良机。

朋友们，从现在开始再也不要等待“时来运转”了，更不要因为等不到自己期望的好机会而感到恼火。只要我们马上展开行动从点点滴滴的小事情做起，我们就是在用行动昭告全世界：胜利终将属于我！记住，你必须马上行动，立刻行动，一分一秒也不能耽误。

制定目标，人生才有明确的航向

船只在大海上航行，海面上一片茫然，船只必须拥有准确的航向以及明晰的航线，才能不断向着目标驶去。否则，在毫无参照物的海面上，如果船只没有目标和航线，最终一定会消失在茫茫大海中，不知所踪。由此可见，明确的目标和航线，对于海上航行是非常重要的。

其实，不仅仅海面上的航行需要目标，对于我们的人生而言，也是需要目标的。目标之于人生，恰恰如同灯塔之于船只，只有在灯塔的指引下，船只才能正常航行，人生也只有在目标的指引下，才能避免偏差，一路向前。尤其是对于事业成功而言，目标具有无法取代的重要作用。要想获得成功人生，我们第一步就要为自己确立目标。就像一次旅行，如果没有目的地，旅行的人又如何到达所谓的终点呢！所以有目标的人更容易获得成功，没有目标的人虽然付出了很多的努力和辛劳，最终却无法到达理想的彼岸。因此我们人生设计的第一乐章就是确立目标，为人生确定航向，制定航线。

现在是和平年代，大多数朋友都未曾经历过战场，但是却从诸多的影视剧中看过战场上打仗的情形。在革命年代，我们英勇无畏的革命先烈，每一次与敌人决一死战，都要制定作战目标。有的时候是炸毁敌人的碉堡，有的时候是攻占敌人的高地，有的时候甚至只是杀死敌人的一个小小头目……就这样，通过实现一个又一个小目标，革命先烈在付出鲜血和生命的同时，渐渐赢得了革命的胜利。可以说，在抗战期间，我们的革命先烈就是通过实现这些目标才最终成就大业的，我们也才有了今天幸福安乐的生活。

当然，选定目标只是成功之路的第一步。在确定目标之后，我们还要坚定不移地走下去，哪怕面对坎坷和挫折，哪怕需要牺牲流血，我们也要毫不畏惧，勇往直前。可以说，我们只有死死咬住“目标”，才能成为真正的强者，才能成就坚强不屈的生命。

在辽阔的非洲，在辽阔的撒哈拉沙漠中，有一个村庄叫比塞尔。这个村庄紧靠着一块绿洲，这块绿洲大概十五平方公里。1926年，肯·莱文发现了这个村庄，从此之后，这个村庄里才有人走出沙漠。在此之前，说起来一定有很多人难以置信，这个村庄里从未有人走出沙漠。其实，从村庄走出沙漠并非多么困难，只要带着充足的食物和水，花费三天三夜的时间，就可以成功走出沙漠。那么，为何比塞尔人世世代代都生活在这片沙漠中，却从未走出这片沙漠看看外面的世界呢？原来，并非比塞尔人不愿意走出沙漠，只是因为他们始终不认识北斗星，因而在漫无边际的沙漠中无法辨识出方向，只能凭借感觉朝外走。这样一来，他们总是迷路，或者回到原点，或者走出很多不同大小的圆圈，在原地兜兜转转。直到肯·莱文发现比塞尔村庄，才教会当地村民认识北斗星，从此，比塞尔人才有机会从他们的祖先世世代代生存的村庄中出发，走出沙漠。 现在，比塞尔村庄已经成为著名的旅游景点，每个来到这里旅游的人都会看到一座纪念碑，纪念碑上刻着一句话：选定方向，才能开始新的人生。

住在沙漠里的比塞尔人，因为不懂得辨识方向，因而无法确定自己的目标，导致世世代代都未曾走出沙漠。直到学会辨识北斗星，他们的人生才有了方向，他们才找到方法走出沙漠，摆脱沙漠的禁锢。人生又何尝不像这漫无边际的沙漠呢？不管什么时候，我们唯有确定目标，才能朝着目标不懈努力。否则，一旦我们失去目标指引方向，哪怕再辛苦和努力，只怕也像以前的比塞尔人一样，不是回到原点，就是兜兜转转地绕圈子。

当然，在制定目标的时候，我们还有很多注意事项。诸如，人生是需要长期目标的，这是我们人生的北斗星，可以指引我们朝着最终的目的地不断前进。但是，在现实生活中，仅仅有长期目标还是不够的。日本马拉松运动员山田本一之所以能够夺得冠军，就是因为他并没有把遥远的马拉松比赛终点当成自己的唯一目标，而是把赛道以不同的标志物分成很多小目标，从而一个一个目标逐个击破，最终成功完成马拉松比赛。对于我们而言同样如此，如果只给自己一个长期目标，那么我们必然因为距离目标过于遥远，导致心情沮丧失落，甚至失去信心。在这种情况下，我们就要把这个长期目标分解成中期目标，或者很多短期目标，这样一来我们就能在不断实现目标的过程中得到激励，从而勇往直前，决不放弃。除了制定长期目标、中期目标和短期目标，我们还可以每天都给自己设定目标。这样，当我们结束一天辛勤劳碌的学习和生活之后，必然因为实现了自己一天的目标，感到内心充实，从而更加精神抖擞地迎接明天的到来。总而言之，人生是需要目标的。我们唯有确立目标，才能让人生始终保持正确的航向，顺利到达人生的目的地。

人生需要计划，计划必须详尽可行

只有目标，而没有切实可行的计划，就会导致我们的目标成为空想，最终落空。这样一来，不但我们绞尽脑汁确立的目标化为泡影，而且我们的人生也会受到影响。要想让目标实现，要想让人生充实，我们就必须制定人生计划，而且计划还要详细可行，从而督促我们一步一步踏踏实实地实现计划，进而使人生也变得圆满。

也许有些朋友会说，现代社会人人生存压力都很大，还要承受工作上的各种挑战，而且生活节奏很快，根本无暇制定计划。尤其是对于千头万绪的生活，以及堆积如山的工作，更是难以分清楚轻重缓急。这的确是实情，但是恰恰因为这个实情，我们反而更要抽出时间来制定计划。要知道，没有计划的忙碌是瞎忙，也许反而会导致事与愿违。只有用心地规划好人生，秩序井然、按部就班地生活，我们才能更加条理清楚，冲破人生的迷雾。要知道，人生之中的很多事情紧急程度都不同，假如我们能够捋清思路，按照统筹的方法安排生活，规划人生，必然事半功倍。反之，我们就是事倍功半，甚至无功而返。

大到人生的规划，小到一天甚至只是半天的计划，都是可以制定出来并且实施的。现实告诉我们，对于那些善于制定计划并且能够严格按照计划安排生活的人，他们的人生是高效的。反之，对于那些浑浑噩噩，当一天和尚撞一天钟，懵懂度日的人，人生是低效率的，甚至会浪费很多宝贵的时间。正是基于这一点，我们才要制定详细可行的各种计划，从而帮助自己合理安排时间，充实度过人生。

当然，只有目标没有计划是远远不够的，只有计划也依然距离成功很遥远。在制定计划之后，我们接下来要做的就是严格执行计划，让自己的人生井然有序。正如人们常说的，“有志者立长志，无志者常立志”。我们要说，能够严格执行计划的人，每次制定计划都能维持很长的时间。但是不能执行计划的人，时不时地就要制定计划，每次却又轻易推翻自己的计划，导致不得不再次制定计划。且不说数次制定计划需要浪费多少时间，当我们总是轻易推翻自己的计划，那么渐渐地制定计划就会变成一种形式，甚至等不到执行就要被推翻，这样一来制定计划也就失去了意义。

现在，我们可以肯定制定计划对于我们的学习、工作和生活，都有着很大的好处。它不但能够帮助我们规划生活，而且会帮助我们节约时间，使我们的人生变得有条不紊。那么，如何才能制定行之有效的计划呢？首先，在制定人生计划的时候，我们要牢记人生目标，这样才能始终保持目标，决不偏离。其次，在制定小的人生计划时，诸如制定一段时间内的工作计划，那么我们必须对工作的量有个总体把握，这样才能在有限的时间里实现合理安排工作，做到劳逸结合。再次，需要注意工作计划与工作日程是不同的。工作日程更像是一天的时间安排，但是计划则是有思考地对工作进行长期规划。总而言之，制定计划是相对容易的，要想让计划起到预期的效果，最重要的是在制定计划之后，坚持实施。

无论如何，在这个世界上通往成功的道路只有一条，那就是脚踏实地，勤勤恳恳。再好的想法或者规划，如果不能落实到实际行动上，就会变成毫无意义的空谈。反之，即使我们的计划不够完美，但是只要我们能够坚持不懈地按照计划去做，那么日久天长，也必然卓有成效。

在规定时间内复命，提高工作效率

前几天在朋友圈看到一篇文章，大意是说现在的很多年轻人处理工作时，不管是勤奋还是蒙混过关，都有一个共同的特点，即从不知道汇报工作。其实，汇报工作是很重要的。一个人即使把工作做得再好，如果没有及时恰当地汇报工作，那么他的功劳和苦劳就会同时消失，他甚至会因为没有汇报工作而遭到上司的批评和指责。从礼貌的角度而言，下属在接受上司安排的工作任务后，不管完成情况如何，都应该向上司反馈工作情况。从提高工作效率的角度来说，汇报工作必须在规定的时间内。当然，很多时候上司并不会给下属明确规定复命的时间，但是下属应该知道，最迟到达这项工作预期完成的时间，就应该复命。如果所接受的工作任务很艰巨，耗时长久，那么更应该在工作过程中或者是工作告一段落的时候，主动复命。记得曾经有位职场人士说，即使努力地工作一整天，也未必能够抵得上恰到好处地汇报工作五分钟，得到的认可与赏识。由此可见，汇报工作是非常重要的工作程序。

小敏大学毕业后，应聘到一家刚刚起步的小公司当总经理助理。有一天，老板在与一家长期合作的供货商电话沟通时，因为各种问题，发生了激烈的争执。为此，老板怒火中烧，甚至挂断了对方的电话。这也没使老板消气，他当即让小敏给对方发一封传真，用激烈的言辞斥责对方。接到老板的命令后，小敏想到公司已经与那家供货商合作很久了，而且一直以来合作也还算愉快，又想到老板正在气头上，因而她擅自做主，并没有给那家供货商发传真。

后来，老板一直在寻找合适的供货商，然而那些供货商不是产品质量不过关，就是价格太高，为此老板只得硬着头皮从其他渠道进货，导致公司利润大幅下降。几个月的时间过去了，老板有一次在和小敏沟通工作时，无意间提起还是之前的那家供货商比较好。小敏这才笑着说："老板，我其实没有发那封传真，所以您不如装作什么事情也没发生，继续和那家供货商合作。"原本小敏以为老板会夸赞她，没想到老板突然火冒三丈，怒斥小敏："这几个月公司损失了好几万，你没发传真为什么不早说呢！"没过多久，老板找了个理由把小敏辞退了，小敏丈二和尚摸不着头脑，根本不知道自己到底哪里做错了。

小敏的做法原本是对的，她没有按照怒不可遏的老板指示，发传真与那家供货商继续撕裂关系。但是，在看到老板找不到更合适的供货渠道时，她没有及时说出自己的做法，导致公司在几个月的时间里因为进货价格过高，损失了好几万的利润。由此一来，小敏不但功劳没有，就连苦劳也没有了，还失去了工作。其实，小敏犯错的关键在于，她接受老板发传真的任务后，没有在第一时间内向老板汇报她的工作情况。当然，这里所说的第一时间并非是指马上指出老板的错误，而是在老板恢复心平气和的第一时间，和老板一起分析问题的症结所在，从而协助老板做出理智的选择和决定。例如，在老板找了好几家供货商都不满意的情况下，适时说出实情，老板此时非但没有任何损失，反而会因此得以解决一个大难题，当然会欣赏和认可小敏的做法。遗憾的是，小敏汇报工作太晚了，而且也根本没有找到好的时机。

很多时候，汇报工作并不能拖延很长时间。对于很多工作，可能在一两个小时完成任务，甚至是花几分钟打电话与客户沟通之后，就需要和老板进行沟通，最终彻底解决问题。对于及时汇报工作，确切地说是及时复命的问题，刘光起先生曾经在他的《A管理模式》一书中指出，最佳的复命时间是在四个小时之内。也就是说，对于任何工作任务，不管完成的情况如何，接受工作安排的人都要向上司复命。这样，上司才能及时掌握其工作情况，从而做到心中有数。不得不说，如果一个职员需要上司追着他询问工作的完成情况，那么他无疑是非常失败的。当然，这里所说的四个小时并非是绝对的，只是针对普通情况。我们必须根据实际情况，随机应变，但是总的原则就是及时。尤其是当上司安排工作时就已经表现出急迫，或者规定时间的情况下，更应该争分夺秒，决不可延迟。

朋友们，现代职场人才辈出，竞争异常激烈。我们不管作为新人还是老人，都要注意及时复命的问题。从细节方面来说，及时复命还能帮助我们避免犯错误。例如，对于一项工作的开展，如果你及时向上司汇报工作，那么当你出现偏差时，上司就可以为你把关，及时提醒你。反之，假如你始终没有向上司汇报，那么你就会一错到底，导致很多工作都成为无用功。这样一来，当然是及时发现问题及时改正，来得更好。所以从现在开始，要是你们想在职场上崭露头角，就要掌握及时复命的职场技巧，从而让自己的职业生涯发展得更加一帆风顺。

速战速决，才是执行力的表现

自古以来，兵家就主张“兵贵神速”，也强调“速战速决”。的确，如果能够做到出兵迅速，到了战场上又能够抓住契机，速战速决，那么我们的效率的确就会更高，而且也更容易获胜。熟悉兵法的人都知道，战场上，最重要的就是抢占先机。很多时候，哪怕只是贻误短短的时间，就会导致一场战争由胜转败。所以，那些历史上赫赫有名的大军事家，无一不是争分夺秒，抢占先机，从而做到百战百胜的。

在《孙子兵法》中，开篇就讲述了战争一定不能持久的道理，甚至提出宁愿“拙速”，也不能“巧久”。归根结底，持久战不仅会对国家和人民造成严重的伤害，而且还会导致战争陷入胶着状态，无法速战速决。虽然我们如今身处和平年代，有幸远离战争，但是我们的生活中正有一场没有硝烟的战争在拉开序幕。现代社会的生活节奏越来越快，工作压力越来越大，人们奔波忙碌，最终却并没有获得成果。不得不说，很多人都在瞎忙，看似紧张忙碌，实则一无所成。对于现代社会而言，仅仅有速度是不够的，还要有效率。也可以说，现代社会追求的就是效率。尤其是在职场上，只有高效率，才能更好地生存，也只有高效率，才能创造利润。

现代社会正处于信息大爆炸的时代，与以前“好事不出门”相比，互联网时代不管是好事还是坏事，都会瞬间传遍整个世界。人们就是足不出户，也能够在互联网上知晓天下大事，这既是好事情，也给人们的执行力带来了更大的挑战。如果说几十年前的商机泄露需要很长时间，那么现在的商机泄露只需要很短的时间，几分钟，甚至几秒钟。没错，互联网就是这么强大，也逼得现代人无处遁形。在如今的形势下，必须做到速战速决，才能抢占先机，提高效率，才能成为出类拔萃的现代人。

近来，市面上关于孩子家庭教育的书卖得很火，为此，某家图书公司的总编嗅到了一丝气息，当即决定要出版一系列的家庭教育书籍。原本，总编的意见是争分夺秒，尽快出版这个系列的书籍，并且安排公司里经验丰富的编辑马上开始做选题，找素材。为了让图书出版之后能够热卖，总编还专门请了一位擅长图书市场营销的专员，和编辑们一起策划选题。然而，这个市场营销专员特别较真，对于总编给的半年时间还嫌不够，坚持要用一年的时间完成这个系列的书稿，从而保证高质量。

一年后，这个系列的书籍并没有完成，大部分书稿都才完成了一半。但是，总编却发现此时市场发生了改变，家庭教育类的书籍开始滞销。如此一来，他们骑虎难下。终止项目，就会导致之前的一切付出付诸东流，继续完成项目，又担心不但要投入更多的人力物力，而且还会遭遇市场的冷场。总编很为难，那个市场营销专员也很后悔。此时，市场营销专员深深意识到：时间就是金钱。

如果按照总编的规划在半年时间内完成系列书籍，那么抓准时机投放市场，也许还能畅销半年。但是，市场的情况瞬息万变，对于市场营销专员的专业建议，最终却落得这样的下场，真的使人感到很尴尬。

从这个事例中我们不难发现，很多情况下，速度真的决定一切。很多完美主义者总是过于追求完美，导致事情进展到一定程度之后，僵持不下。殊不知，这个世界上根本没有绝对的完美，就算有绝对的完美，那也是在保证速度的前提下才能实现的。世界历史上赫赫有名的拿破仑之所以是常胜将军，就是因为他始终坚持比对手早到五分钟。正是这五分钟，让他得以有时间抢占先机，处处比对手更胜一筹。要知道，速度总是相对的，而不是绝对的。当我们觉得自己很快的时候，我们必须看看自己是否比对手领先。否则，就算我们再快，但是却一直比对手落后，那么我们也是太慢了。所以朋友们，要想抢占先机，除了提高速度之外，我们还要了解对手，从而保证自己的速度比对手更快，这样才能取得胜利。

机会不是等来的，要创造机会

现实生活中，很多人把自己的失败归结于没有得到好的机会，而把成功者的成功归结于他们总是能够得到命运的眷顾，因而始终好运相随。其实，天上不但不会掉馅饼，更不会掉下来机会。就像守株待兔的人一样，在因为偶尔得到一头撞死在树桩上的兔子之后，他就放弃正常的劳作，始终守候在树桩旁等着继续捡兔子，这无疑是可笑的。同样的道理，我们不能否认有些机会得来容易，但是大多数情况下，机会并非等来的，而是创造出来的。假如你非常渴望成功，你也不愿意白白浪费宝贵的生命，那么你就不要无奈地等待机会，而要积极主动地创造机会。

松下幸之助是松下电器的创始人，举世闻名，世界各地的人们都在使用松下电器，并且因为松下电器过硬的质量，对松下品牌赞不绝口。也许有些人还会想，到底是怎样的一个人，创造了松下电器的神话？其实，松下幸之助曾经是一个很普通的人，他从小家境贫寒，所以他小小年纪就辍学，四处挣钱，养家糊口。

有段时间，松下失业了，眼看着家里人都等着吃饭，无奈之下，他只能去电器公司求职。在当时，他对于电器知识根本一窍不通，再加上他身材矮小，面黄肌瘦，所以电器公司人事部的负责人当即就拒绝了他。即便松下只想得到最卑微低贱的工作，哪怕薪水少也没关系，负责人依然对他表示爱莫能助。看着松下热切的眼神，负责人随口敷衍道："现在满员了，你可以过段时间再来看看。"一个月之后，负责人早就忘记了自己的话，但是松下却始终记得。松下再次来到电器公司，负责人继续推脱，说自己忙着开会，没有时间和松下细说。松下默默地离开了，但是他并没有气馁，而是在几天之后再次来访。负责人不堪其扰，这次毫不客气地说："你看看你的形象，这么差，根本不符合我们公司的要求。"松下觉得负责人说得很有道理，当即打道回府。他借钱为自己买了一身崭新的西装，几天之后锲而不舍地又来了。

看到焕然一新、精神抖擞的松下，负责人简直无话可说，他有些为难地对松下说："我们是电器公司，是要销售电器的。你看看，你对电器一无所知，你自己都不了解电器，又如何说服客户购买我们的电器呢！"松下毫不反驳，当即离开。他还是没有放弃，而是参加了一个电器知识的培训班，进行了为期两个月的学习。当他再次来到电器公司时，负责人对他再也无可挑剔。相反，负责人感动地说："大多数求职者被拒绝之后，就会离开了。但是我在招聘岗位这么多年，第一次遇到你这种有恒心有毅力、坚韧不拔的求职者。"就这样，松下如愿以偿地去了电器公司工作，并且在多年坚持不懈的努力后，最终成为举世闻名的松下电器的掌门人，也被誉为世界级别的"企业经营之神"。

为了得到一份工作，松下幸之助几次三番被负责人推脱和挑剔，但是他都没有放弃希望。对于大多数人都能听出来的拒绝之辞，他却不断地按照负责人的要求提升和完善自我。正是这种锲而不舍的精神，他才能创造机会，让自己成功地打开机会的大门，也从此掀开了人生的新篇章。

朋友们，人不但要把握机会，更要善于创造机会。很多时候，只要我们开动智慧的头脑，就能够让机会从天而降，从而使我们得到机会的青睐。只有善于创造机会，并且能够张开双臂迎接机会到来的人，才有希望获得成功。尤其是对于职场人士而言，如果一味地等待，只会白白浪费宝贵的青春时光。所以，与其被动等待，不如主动出击。我们只有成为强者，才能成功掌握命运的航向。

参考文献

[1] 连山.将来的你，一定会感谢现在拼命的自己[M].北京：中国华侨出版社，2015.

[2] 文思源.李捷鹰.对自己狠一点，离成功近一点[M].北京：北京联合出版公司，2014.

[3] 沐木.努力到无能为力，拼搏到感动自己[M].北京：中国出版集团现代出版社，2016.